工作DNA

工作DNA

工作DNA

工作DNA

Smile, please

Smile 107

工作DNA 鳥之卷
Work DNA: The Bird

作者：郝明義
責任編輯：湯皓全
美術編輯：林家琪+薛美惠
校　對：呂佳真
法律顧問：全理法律事務所董安丹律師
出版者：大塊文化出版股份有限公司
台北市105南京東路四段25號11樓
www.locuspublishing.com
讀者服務專線：0800-006689
TEL：(02) 87123898　FAX：(02) 87123897
郵撥帳號：18955675　戶名：大塊文化出版股份有限公司

總經銷：大和書報圖書股份有限公司
地址：新北市新莊區五工五路2號
TEL：(02) 89902588 (代表號)　FAX：(02) 22901658
製版：瑞豐實業股份有限公司
初版一刷：2013年1月

定價：新台幣 250元
Printed in Taiwan

國家圖書館出版品預行編目

工作DNA. 鳥之卷,：基層 / 郝明義作. -- 初版.
-- 臺北市：大塊文化, 2013.01
面；　公分. -- (Smile；107)

ISBN 978-986-213-409-2(平裝)
1.職場成功法 2.生活指導

494.35　　101025803

工作DNA
鳥之卷
基層
Work DNA: The Bird

郝明義 Rex How 著

增訂三卷本總序

在工作的路程上，我有很多意外。

少年時期，許多師長期許我未來的工作和寫作、出版相關，但是出於叛逆心理，我卻一直排斥。直到後來畢竟進了出版業。

進入出版業之後，我一直認為自己可以做個編輯，不懂業務更別談經營管理。可是後來卻被提升到總經理的位置。

之後，我一直認為自己頂多適合專業經理人的工作，從沒有創業的興趣與動力。可是在突然的轉折之下，我不得不從零打造起公司，掛起董事長的頭銜。後來還不只一個。

一九九八年初版的《工作DNA》，本來近乎隨筆，記我個人在這個過程中的一些心得。七年後，趁著要出大陸版的時候，我在原書的結構下做了些補充，成為《工作DNA修訂版》。

初版的《工作DNA》把工作分了基層、中堅幹部和決策者三個層次。到修訂版時，我進一步把這三個層次形象化，成為鳥、駱駝和鯨魚，並增加了許多引伸和解釋。大約也在那同時，我開始思考是否應該把「鳥」、「駱駝」、「鯨魚」三種不同層次的主題分別獨立，各寫成一本書，讓各個主題有更充分的說明。

這個想法在心底起伏了很久。又過了六年之後，我終於完成這件事情，有了《工作DNA增訂三卷本》的〈鳥之卷〉、〈駱駝之卷〉、〈鯨魚之卷〉。

我希望，這三本書一方面可以因此而各自獨立、要表達的更清楚，另一方面也能保留最原始版本，也是我寫這本書的初心：一個工作者想把他心頭的點點滴滴，烤成一塊蛋糕和大家分享的心情。

所以，這還是一個人在他工作過程裡的筆記和塗鴉。很多時候他像在跟別人在說些什麼，其實更多的還是在自言自語。

初版前言

寫這本書，有一個遠的理由，有一個近的理由。

在工作的歷程上，我是個非常幸運的人。每個階段，都遇到願意提拔我的人，願意和我一起奮鬥的同事。因此，多少有些說起來應該不至於乏味的經歷和心得。

如果這些經歷和心得貢獻出來，能為某一天的某一位讀者，在他的工作生涯上有所參考，是否也可以算是對提拔過我的人、幫助過我的人的一些回報？

這是遠的理由。

一九九七年與九八年交關之際，工作量很大，壓力很重。我要完成許多責任極重的工作任務，並且時限卡在那裡，沒有一件可以前後挪動。

有一陣子，每天早上醒來，都有點懷疑自己是否能如期完成這些工作。

因此，當夏瑞紅來找我，要為《中國時報》浮世繪版開一個專欄時，我沒有考慮太多就答應了。

在當時喘不過氣的工作負擔下，每個星期寫一篇專欄，反而成了烘一塊蛋糕的想像。烘一塊蛋糕，喘一口氣，讓自己繁雜的思緒有個稍息的時間。

但，這個專欄必須是談工作的。

這樣，這塊蛋糕才有把握做得還可以下口。

這是近的理由。

在專欄開始的時候，我先想好了書的架構。

我一直都是個上班族。

所以，這是一本談工作的書，雖然也可以給個人工作和創作者參考，但主要是談上班族的工作，給上班族閱讀。

我也一直都在出版業工作。不過，這本書裡許多故事都在出版業之外，我希望出版業以外的上班族也能閱讀得很有趣味與體會。

於是，我先定好章節和其中可能的內容。

因此，現在您讀的並不是一本結集出版的書，而是一本一年前規劃好的書。

除了極少數和新聞相關的話題之外，這本書寫作的進度和內容都是既定的。出書之前，我再新加一些章節，調整一些文字，並且在有些文章後面增加一點後記，一點塗鴉。

因為談什麼事情都喜歡扯到工作，不少人說我是工作狂。

我不以為然（當然，沒有一個工作狂會自己承認的）。

我只是因工作而受益良多，因此對工作有一份感激之情。

因為工作，我從無知轉而大開眼界；因為工作，我從偏激轉而溫和；因為工作，我從毛躁轉而學習沉著。

也因為工作，我對生命的態度有了轉變。

一九八九年，在一個奇特的際遇下，我突然得知因為脊椎嚴重扭曲變形，自己可能來日不多。看著X光照出來的片子，我對自己脊椎所受的重傷目瞪口呆。

脊椎的2種畫法

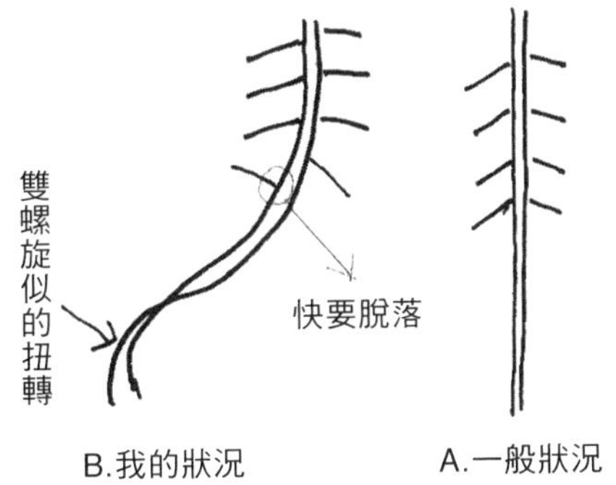

醫生告訴我：最好的選擇是不要上班，辭職回家，盡量做些趴著工作的事情，以免脊椎的創傷進一步惡化。

於是我一個人去了夏威夷的一個離島。

我要為了多活一些時間，而回到家裡做些靜態的工作，還是要盡情繼續現有的工作，最後脊椎隨時可能突然承受不住壓力而崩潰？

思索一個星期之後，我選擇了後者。與其為了多活幾年而設限生命，當然不如把生命濃縮於盡情的衝刺。

十年過去了，我並沒有死。但直到今天，脊椎的危機也並沒有解除（我常常嚷著要減肥，實在和美觀無關）。

我總是沒法把工作步伐放慢，部分是個性，部分和這有關。生命既然無常，應該盡量多加利用一點時間。

後來一路奔跑過來，有得有失，卻終究形成一些面對人生的態度。不是工作的觸媒，我辦不到。

工作對我的啟發，這還只是一點點。

工作早已是我們生活中佔最大比重的一件事情。

就一個上班族而言，無論喜歡與否，我們對自己最親密的人，以及對自己最深感興趣事物所能付出的時間，不論在質或量上，都永遠難以和工作相提並論。

所以，我們怎麼看待工作，就是怎麼看待生命，如何善用工作，也就是如何善用生命。

這不會因為行業或職位的相異而有所不同。

每個人都有一個工作。每個工作都在訴說、啟發其特有的意義。

只看我們是否能夠傾聽、領會。

九八年初要寫這本書的當時，不知道和後來的發展比起來，當時那點工作壓力其實根本算不得什麼。

同樣的，當時也不知道每個星期做一塊蛋糕的過程，逐漸還多了點跟自己對話與提醒的味道。

也就是說，蛋糕做著做著，自己也吃起來了。

而現在，蛋糕送到了您的眼前。

希望您喜歡。

雄飛吧，鳥！

工作的人，大致可以分為三種階段：出社會不久的新鮮人、中堅幹部，與高層主管。這三個階段的人，可以比擬為三種動物。

剛出社會不久的新鮮人，像是一隻鳥。剛剛孵化，開始要學習飛翔的小鳥。

工作了一段時間，成為公司或組織裡的中堅幹部之後，成了一隻駱駝。

有幸，或者有需要，從中堅幹部更上層樓，成為一個公司或組織的決策者，那就是成了一條鯨魚。

三種動物，各有不同的環境，各有不同的生存條件，各有不同的發展機會與風險。如果我們能認清這些，那就比較可能讓自己生存得更自在一些，比較可能擺脫一些近於宿命的糾纏，也比較可能發生更有力的進化。

這本書講的是鳥的故事。

剛出社會不久，或是在公司基層的人的故事。

小鳥，面對廣闊的天地。好處是機會無窮，無限的空間任其展翅。但是小鳥也要注意自己到底要如何成長。

小鳥的機會，就是你還沒有被環境、習慣、條件所侷限或制約，因此各種新奇的嘗試與可能，都在你的雙翼之下。

你可以選擇成家鳥，駐足別人屋簷下。

你可以選擇成林鳥，起居在一座深邃的森林裡。

你可以選擇成候鳥，隨季節的變化而周遊各地。

但是，也要小心。太多新奇的選擇，會讓你眼花撩亂。

或者，你選擇成為了一種你的體力與本質都不適合去當的鳥。

或者，你不停地變換自己生存的方式，最後忘了自己是一隻什麼樣的鳥。

或者，你選擇方便地離人群很近的覓食方式，很容易成為別人彈弓下的獵物。

鳥的工作基因，是熱情與勤快。

不發揮這兩點，即使你還在鳥的階段，卻已經早衰，暮氣沉沉。

你越能善加發揮這兩點，越能讓自己成為一隻充滿希望與力量的鳥。以及，進化為下一階段的駱駝。

但，並不是成為駱駝之後，你就不需要鳥的基因。

你會發現，不論是成了駱駝還是鯨魚，如果你都能不忘保有鳥的基因，你的工作會更有澎湃，人生會更廣濶。

同樣地，如果在鳥的階段，你就能及早植入駱駝和鯨魚的基因，你會發現，當別人還是海鷗的時候，你可以成為展翅萬里的巨鷹。

雄飛吧，鳥！

鳥之卷　目錄

2 觀念

3 方法

4 故事

5 回憶

6 知識

7生活

8附錄

1 心態

少年英雄的夢想寶劍

我留著一張照片，我第一個工作時候的。

堆著稿件的辦公桌後，我向後斜倚著一張椅子，雙手環叉在腦後。往右前方的窗外像是在遠眺什麼，又像在想什麼。但是眼鏡反光，看不出神情。

那是一位攝影家拍的。當時他和長橋出版社有密切的合作，經常來公司。不知怎麼就幫我這個毛頭小伙子拍了照片，還用心地沖洗出來送我。我對那張照片是怎麼拍下的氛圍完全不記得了。唯一記得的，那是梁正居的作品。

每次看那張照片，我都會想：當時他看著窗外，到底在想什麼呢？沒有任何印象。我那時很努力地工作，可是對未來並沒有任何規劃，或是想像。我今天在做的事情，是我當時丁點也沒想過的。當時在出版業工作，是我很不情願的事情，只是走投無路下的將就（請參閱本書〈一個排斥了三十年的工作〉一文）。

可是，當時如果有個夢想，多好。

不為什麼，只為了和那個年輕的狀態相配。夢想應該和年輕相配，不就像是寶劍應該和英雄相搭？合理，又自然？

但偏偏這個說來合理又自然的事情，事實上卻並不會那麼自然地發生。我自己當年沒什麼夢想可言，固然有些特別的因素，但今天的年輕人，經過中學和大學的十年教育下來，當他走出校門，進入社會的時候，很可能就算是能具備什麼，但夢想經常不會在內。

我們先來看看這個問題出在哪裡，再來看看怎麼解決。

夢想，是個心智的遊戲。

打一個比喻的話，是個RPG遊戲，角色扮演的遊戲。

要玩好RPG遊戲，很重要的關鍵是：你要遭遇很多人，去取得很多寶物。夢想這個心智的遊戲要玩得好，很重要的關鍵是：你也要遭遇很多人，取得很多寶物。在現實世界裡，這要怎麼發生？

有兩個可能。

一個是行萬里路。少年時候就壯遊四方。

一個是讀萬卷書。少年時候就大量閱讀，神交古今中外的人物，臥遊寰宇。

而這兩件事，在我們目前以考試教育為主的學校裡，很難發生。我們在中學這個階段，只行考試路，只讀考試書。當我們年齡正好飢渴於壯遊、神遊這個世界的時候，卻被禁錮於學校、補習班，以及種種考試所構成的囹圄之中，吞嚥的只是教科書和參考書所攪拌出來的牢飯而已。

我們的大學也幫不上什麼忙。

原來，我們在中學階段經過了大量的閱讀，大範圍地對古今世界與人物展開過探索之後，大學是我們夢想遊戲一個新階段的開始。大學階段有一種銜接作用——一方面把我們上一個階段探索過的夢想整理出更清楚的方向，另一方面也為我們接下來想要實現的夢想，開始準備資糧。

然而在今天的現實裡，一個少年進入大學，往往只是考試分配的結果，發生不了上述的銜接作用。今天年輕人那麼愛玩網路上的RPG遊戲，不是沒有原因的。因為他在現實生活裡扮演的都是父母為他設定的角色，不是他自己的選擇。

因此，一個新進社會的人，最好有一個體認：他在找的工作，不應該只是為自己拿一份薪水而已。

他在找的工作，應該是他人生一個新階段的開始。終於，他有機會重新設定自己夢想的「出廠狀態」，重新醞釀、規劃自己的夢想。

當然，冰凍三尺，非一日之寒。一個多年沒機會考慮自己夢想的人，要他一下子提出自己的夢想，是強人所難。

但是，我是一個當年進出版業談不上有夢想可言，事隔十六年後才發現自己夢想的人。由我的經驗來看，一時不知道自己的夢想沒有關係，最重要的是不能忘記自己需要夢想。只要時刻記住這個夢想的重要，你的夢想，總有一天會讓你想起它。

少年英雄，要配一把夢想的寶劍。

人生與夢想可以編劇

勞勃．麥基（Robert McKee）是一位教人編劇的大師級人物。他的編劇講座開了近三十年，前後造就了三十六名奧斯卡獎得主，一百六十四位艾美獎得主，參加的人甚至包括和影視製作沒有直接關係的各界人士，譬如大衛．鮑伊（David Bowie）。

一九九〇年他應邀到紐西蘭辦三天講座，彼得．傑克森（Peter Jackson）聽了之後受到感動與啟發，因此去籌拍了《魔戒》（*Ring*），傳為佳話。（有趣的是：麥基雖然寫過劇本，也賣給好萊塢，但並沒有被拍過電影。有人拿這一點來質疑，但並沒有動搖他的地位）。

我讀他的著作，收穫不少。

印象最深刻的是，他主張劇情的安排，需要呈現主角價值觀的變化——他相信某件事情，或不相信某件事情的價值觀，不論那件事情是財富，或愛情，或勇氣，或家庭，或大如國家，或形而上如神靈。

編劇要透過一系列事件的發生，讓觀眾看到主角在電影開始時所相信的價值觀，如何隨著他的遭遇而產生變化，或前進，或後退，而最終來到一個不可逆轉的蛻變，和電影開場的時候形成了鮮明的對比（至於這些變化是透過他和外在環境的抗爭，還是他自己內心的情緒轉折來呈現，則是另一回事）。

也因此，麥基認為，一部電影中的人物進行了再多行為，講了再多的話，如果都沒有表現出他價值觀的變化，那這部電影就形同沒有劇情。

故事的安排，要扣緊主角價值觀的變化，對我的啟發很大。不只對我自己的編劇工作，還讓我聯想到另一件事。虛構的故事，我們都要注意當事人的價值變化，真實的人生，不更該如此？

電影裡，我們只看到主角在生活、戀愛、工作、成敗，卻始終看不到他價值觀變化的話，會覺得無趣。真實生活裡，如果我們只是在考試、賺錢、婚姻中奮鬥，卻不知道自己所信仰的價值觀，不體會、不思考這些價值觀的變化，那麼不只是遲早會感到無趣、空虛，還一定會遭遇危機。

如果一個人年復一年，只知道注意自己累積的財富數字，這種情況的問題不必說。即使你相信的是「正直」、「信義」這種價值觀，但卻始終不注意自己也一直被「剛愎自用」這種價值觀所左右，你的人生也夠麻煩。

不妨回顧一下過去。不管那過去是在工作上，還是早在出社會之前。

今天回想我們所曾渡過的難關，如果有覺得欣慰之處，覺得珍貴之處，那一定不只是因為我們渡過了那個難關而已，更重要的是，因為我們發現自己相信的一些價值觀有了變化。是因為這些變化，我們才體會到自己的「成長」，甚至，「脫胎換骨」。

同樣的，我們還可以展望一下未來。

我們可以把未來的人生當個劇本來編，在自己正在遭遇，或即將發生的事件中，體會自己所相信的價值觀是什麼，體會自己要堅持不變的是什麼，準備做改變或調整的又是什麼，然後觀察自己這個人生的演員會如何進行下去。

我相信這不只是會給我們人生帶來新的變化，這也是人生之為人生的原因。人生可以透過劇情的進展，越來越清楚地面對自己相信的價值觀；也可以透過自己相信的價值觀，創造越來越精彩的劇情。

人生，是可以編劇的。

夢想，也是可以編劇的。

而最高段的人生與夢想的編劇，核心在於創造自己的價值觀、改變自己的價值觀。

及早有一個信仰的價值觀

工作，是為了讓自己的觀念和方法都逐漸圓熟，以便日漸順利。

但事實上，只要有順，就必然有逆。所以工作之道，要用簡單的一句話來歸納，就是如何突破逆境，突破困境。

如何突破困境，大家總愛尋找各種方法。可是方法再多，都比不上有一個信仰。

這種信仰，有可能是非常人間的，這就是所謂的「立志」。

曾國藩在這方面是個好例子。他自謂三十歲之前，有許多性格和習慣上的問題，譬如易怒、容易受美色誘惑、愛好浪談、言不由衷等等。像他回憶在北京和同鄉爭吵起來，粗口相罵的情景，很難和日後的形象相聯接起來。

然而曾國藩後來決心改變自己，以聖賢之志來要求自己，調整這些問題。他以寫字來談這個道理：「手愈拙，字愈醜，意興愈低，所謂『困』也。」而他提出的解方是：「困時切莫間斷。熬過此關，便可少進。再進再困，再熬再奮，自有亨通精進之日。」然後，他下了總結說：「不特習字，凡事皆有極困極難之時，打得通的，便是好漢。」

曾國藩倚靠可以聖賢之志來期許自己的信仰，不但由早期和太平天國對戰，一度兵敗憤而投水，到後來成為清朝中興的最大功臣，建立了自己的功業；更在人格上把自己逐步調整為後人景仰的一種典型（雖然他自己到死都自謙是萬事無一成）。

而在這漫長的過程中，最值得注意的，就是他所說的「再進再困，再熬再奮」。要能支持這麼長時期的前進、困頓、困頓、前進，就是他對聖賢之志的信仰。

這種信仰，也可以是很超人間的，譬如宗教信仰。

二〇一二年，美國職業男籃，刮起了一陣林書豪旋風。林書豪除了讓人看到他在球場上的表現之外，最引人注意的，還是他對上帝的信仰，言必稱主，感謝上帝。

我看Youtube上一則他自己做的搞笑影片，影片結尾引用了《聖經·箴言》中的一段話：「你要專心仰賴耶和華，不可倚靠自己的聰明，在你一切所行的事上都要認定祂，祂必指引你的路。」

《紐約時報》（*New York Times*）有一篇文章，檢討大家之前為什麼都沒注意到林書豪的才華。其中有一點是，球探都有一個類比的習慣，看到一個新人，總要先想「這個人會讓我聯想起誰誰誰年輕的時候……」。林書豪沒法讓人有這種類比的聯想，所以也就難以讓人相信他的能耐。

而林書豪在這種環境裡一直鍛鍊、準備自己，始終不改其志，掌握機會時又能沒有患得患失的心態，他的信仰的確發揮著決定性的關係。

很多人在年輕的時候都相信自己身體的力量、聰明的力量、機會的力量、知識的力量，總要到人生歷練過一定程度之後，才體會到為什麼需要一種信仰的力量。

事實上，信仰的力量才是啟動其他力量的鑰匙——不論是對聖賢之志的信仰，還是對宗教的信仰。

所以，一個初出社會的年輕人，如果能及早地體會到信仰的力量，就是比同輩人節省了更多的成長時間。

越早體會到信仰的力量，越早可以把這種力量用來和夢想的寶劍結合，越早可以用來把自己人生的劇本編得更精彩，更可以實踐。

意念與志向的不同

有一個星期天早上，我在家裡看一齣有關孫中山的電視節目。看著看著，忽然覺得這位從小就不斷被教育說是「偉大」的人，的確很偉大。從他的偉大，又聯想到一個疑問。

孫先生是讀醫的人。能讀醫科，畢了業之後再當個醫生，到今天還是很多學生的夢想。多少人為了追求這個夢想，要徘徊多年補習班而不可得。又有多少人因為實踐了這個夢想，而在社會上高人一等。

但是孫中山不但讀了醫，還是在那個年代的西方讀的。他不但讀出來了，還搞了革命，改寫了幾千年朝代興替模式的歷史。他不但搞了這樣的革命，還發明了孫文學說，寫出了《建國大綱》、《建國方略》。

我坐在那兒的疑問就是：為什麼同樣是一個人的腦袋，同樣數目的腦細胞，同樣的一天二十四小時，同樣是為了讀醫，結果有人要徘徊補習班多年還不可得，有人卻可以讀了醫科之後，還做了這麼多的事情？

左右這麼大差異的，到底是什麼？

那個早上我思索了好久，結論是：意念。

雖然同樣是腦袋、腦細胞、二十四小時，但是各人的意念不同，這同樣的腦袋、腦細胞、二十四小時，就發揮了不同的作用與功能。

有人的意念模糊而猶豫，於是進一所名門大學就成了他的高標準挑戰門檻，必須轉戰多年。有人的意念清楚而堅定，於是進出名門大學都不算什麼門檻，可以成為名醫。有人的意念不斷在發展，於是成為醫生之後，還可以成為今天海峽兩岸都尊崇的革命先行者。

意念左右所有事物的形成，以及發展。

我們的身體，包括肉體與思緒，都只是工具。好像腳踏車一樣的工具，可以用來每天上下班，可以用來在假日載一個心愛的人在後座，也可以用來單騎探索天涯。同樣一部腳踏車，因為使用的意念不同，而有了完全不同的作用。

意念和志向有點不同的味道。

有些人很早就能清楚地認識自己，看出自己未來要走的路途，這就適合立定志向。志向，有點線性，也有點嚴肅，難以回頭或掉頭，也不會隨時間與空間的改變而改變。

有些人必須經過一個過程，來調整對自己的認識與未來的設定，這就適合掌控意念。意念，有點立體，有點活潑，調整的幅度很大，可以隨時間與空間的改變而改變。

許多了不起的人物，都有很早就立定志向的特點；也有很多了不起的人物，是一路摸索發展自己的意念。所以如果我們暫時沒有自己的志向，也不必氣餒，因為起碼還可以發展我們的意念。

意念的重要不在其大（因為反正它是可以成長的），而在清晰（這樣不論在哪一個階段都可以實用）。

我們要好好對待意念——不論從積極面還是消極面思考。

非僕歐

我是在一九八九年的秋天第一次去北京。最早認識的人裡，有一位是沈昌文。我們初次在一家飯店的大廳見面，印象很深。像是見到了武俠小說中所謂的「練家子」：適當顯露著精明、深沉又圓熟的眼神，一頭沒有染色卻烏黑茂密的頭髮，輕盈迅捷的動作。

當時他還是三聯書店的總經理，大陸朋友稱呼他「老沈」的居多，我則照台灣的習慣，稱他沈公。二十多年來，我對大陸許多事情的了解都來自沈公，他是我不折不扣的活百科全書。沈公在做人處事上的許多洞見，尤其在一些關鍵時刻上，更讓我受益匪淺。

沈公寫了一本回憶錄《也無風雨也無晴》。其中有一段談他最早是怎麼開始工作的。

沈公因為幼年家道中落，父親又早逝，很早就和母親一起寄人籬下。他後來當金舖的學徒，又在夜總會裡做過僕歐（Boy），所以很早就見過一些場面，體會「識相」之道。一九四九年之後，他進了出版業。又因為是無產階段工人的背景，所以被分配給一些出版界大老當祕書。

說是當祕書，主要是「生活祕書」：安排這些人的行程、派車，並且處理他們在辦公室裡的大小瑣事。沈公這些都做得十分細緻。他說每當為哪位領導派了車，他絕不只是跟司機確定了就算，還一定會趕在領導出門之前到他家附近，親眼確認車子抵達，直到車子載人出發才算。他還會注意各人的用筆習慣，是否愛說哪種外語的習慣等等。

我知道這段經歷對他後來成為真正的編輯，並晉升為三聯這種大出版社的一把手很重要，就請他歸納一下做祕書的心得。

沈公的總結是：「盡心伺候，察言觀色。領會意圖，有所發展。」

前兩句明白，我請他再多解釋一下後面兩句。

沈公說：當祕書的要老闆交待你什麼才去做，就沒意思了。當祕書的，一定要做到老闆還沒交待你，你就知道他會需要什麼，先準備好，然後等他一開口，你就說這已經準備好了。這就是「領會意圖」。至於「有所發展」，就是一方面你要讓老闆看出你可以盡心盡力地做好這些「僕歐」的工作，但同時也要讓他看出你絕不僅僅是做這些服侍他的工作的人，因而會留意、安排你未來的發展。

沈公舉他的實例。

他當祕書的時候，不但學會看懂領導們的開會議程，更重要的是，他把自己也當參與開會的人來看待，暗地準備如何在會議上適當地發言。他拿開會的議題，以及其中可能涉及的事情，好幾天前先做功課，去出版社的圖書室查資料，尤其會私下看一套蘇聯的百科全書。那套百科全書不但有條目本身的知識，還有個好處是，每一條開頭都先註明這個條目和馬恩列史思想相關之處。

然後，他會在會議中耐心地等候一個適當的時刻，在全場人都需要一個說法的時候，拋出他透過事先功課而得出的答案。「並且，要拋得若無其事，讓人莫測高深。」

沈公回憶少年時候的身手，笑瞇瞇地很得意。「所以大家都很意外，說沒想到我讀書讀得這麼多。」

這麼一個少年，會越來越被上級賦予更重要的任務，以及他自己從逐東擊西的閱讀過程中，一路養成編輯所需要具備的雜家的眼界，也就可以想像。

「你必須從做僕歐開始。但也要一面做僕歐，一面努力發展自己。」沈公加了這麼一句。

我記得多年前台灣流行一種「非什麼」的說法。「非肥皂」就是有肥皂的作用，但又不是肥皂，等等。

沈公的話，讓我想到他說的道理可以稱之為「非僕歐」。

而「非僕歐」的道理，顯然並不只適用於做祕書工作的人。

「你必須從做僕歐開始。但也要一面做僕歐，一面努力發展自己。」做任何工作，從底層開始的人，都應該以此來勉勵自己。

識相

我跟沈公認識這麼多年，知道他善於大局思考，但也同樣有許多極細緻的工夫。

有一次，我請他談談「識相」。

不論在工作上，還是做人上，「識相」都是極關緊要的一門學問。我問他怎麼給「識相」下個最簡單的定義。

沈公沒有思考就回答：「識相」就是不佔小便宜。

他舉舊上海的例子。當時上海路邊很多人在下棋。你去看棋可以，但是如果自以為高人一等，說三道四起來，就會有人慫恿你下場來一局，並且下點賭注。如果你真以為可以贏點錢而下場，原先那個只會下臭棋的對手，就會殺得你片甲不留。這就是所謂的「設局」。沈公還認識一名扒手。扒手也跟他說，當小偷最重要的，就是要先判斷下手的對象是不是一個「洋盤」（類似土包子的意思）。不是，就最好別碰。否則，你就算得手，之後也吃不了兜著走。總之，沈公認為「識相」的核心，就是不佔小便宜。

和沈公談完之後，我自己略加了點補充。

沈公舉的例子，都是「金錢」上的不佔小便宜。我覺得這應該還可以引伸，把心理上的不佔小便宜也包括進來。

心理上的不佔小便宜，就是不要佔一種讓自己覺得比較自在，或是自己覺得比較舒服的便宜。

如果說，佔金錢上的小便宜往往起因於我們以為可以多獲得點什麼，那麼佔心理上的小便宜就往往起因於我們以為可以少做件什麼事情。

少做這件事情，我們可能並不是出於想要欺負別人，或佔別人什麼便宜，而只是貪自己的便宜，覺得這樣可以比較舒服一些，自在一些。但偏偏，一旦你自己覺得比較舒服、自在的時候，往往就是別人說你不識相的時候了。

這麼說的話，我覺得「識相」除了不佔別人小便宜之外，還應該設法讓別人覺得可以佔你一點小便宜才是。

出了社會，你的專業才能可以決定你的線型成長，但是，你是否識相，卻會決定你的指數型成長。

怎麼說早安

如果說一個新進社會的人，或是新進一家企業的人最欠缺的是什麼，大多是人脈。偏偏在社會上工作，人脈是最關緊要的。

人脈，就是你認識的人有什麼脈絡。這些人之間相互之間有什麼脈絡；當你有問題的時候，這些人可以幫你把問題整理出什麼脈絡。

所以，企業的老闆需要人脈，一個新進員工也需要人脈。人脈的內容不同，但是重要性相同。越早體會到人脈重要性的人，越可能在工作上取得比較明顯的進展。

建立人脈，說難也難，說容易也容易。首先的第一步，就是要多認識人。認識的人多了，自然從中整理得出人脈。

而說到認識人，沒有人教我比陸鏗更多的。

陸鏗先生是一位真正的大記者。他的故事對工作者的啟發，我寫在後頭（請參閱本書〈大鵬鳥陸鏗〉）。這裡要先說一下的，是他認識人、交朋友的本領。

陸鏗是在二〇〇八年過世的。時間越過越久，但想到他的時候，心裡總是感到很溫暖。他生前交友無數，不管比他年輕多少，都要別人叫他陸大哥。我始終稱他鏗老。

鏗老有一個特點。那就是不論對任何陌生人，第一次認識的人，他可以初見就讓你在他聲如洪鐘的笑聲，熱情又真誠的眼神中，感覺彼此已經相交多年。唐德剛先生曾說他沒有「生朋友」，任何人初見，就是二十年的朋友。不但如此，第一次見面，就送你二十年的交情，已經不容易，更難得的是，鏗老讓你感覺到，還是二十年真心真意的交情。

我自己是這一點的見證者。多年前不過一面之緣，後來我離開一個公司的時候，他卻到處為我打抱不平。我因而對他產生好奇，有了多起來的交往。就我個人來說，是覺得這才逐漸和他交上了朋友。但是對鏗老則不然。他是在第一次和你見面時就和你交上了朋友，然後等你去體會。

這種特質和鏗老終身熱愛的新聞工作有一定的關係，但不是全部。更多的還是在於他的生命特質，否則無法貫穿他整個人生。我深為嚮往，也曾經想要以他為榜樣來學習，但發現很難。

對於任何一個陌生人、一個初認識的人，都做到不冷漠，專心傾聽、交談，不難；對於少部分的人，可以一見如故地交上朋友，不難；但是對於任何一個初識的人就可以送上二十年交情，卻真不容易。

我在鏗老生前就請教過他可以怎麼做到這一點，還做了筆記。但是仍然捉摸不住。等他過世後，無從再請教了，我只好不時揣摩他的心情，想像他到底是怎麼做到的。

後來，有一天早上，我自己心情特別好的時候，在微博上記下了這麼一段話：

「和別人說早安的時候，要讓他感覺到你是花了十年的時間用顯微鏡或放大鏡去尋找早晨的存在，終於發現了早晨的美好，然後把這個天大的發現的心得，合著藍天、晨曦，再加上你畢生積蓄的存摺，一起當個禮物奉上給他享用。」

寫完這段話之後，雖然沒法有機會再跟鏗老查證，但我想可以約略體會他每一次和一個陌生人見面，打招呼時候的感覺。如果你能這樣和一個初識的人談起話，他當然會覺得你送上了二十年的交情。

不管你是在哪個工作崗位，都是需要朋友的。工作越久，你也會越發現所謂「人脈」的重要。

陸鏗先生的初見送人二十年交情的法寶，是建立人脈的無上祕訣。要掌握這個祕訣，不妨先從練習好好跟人說一聲「早安」開始。

螞蟻的兩種故事

《伊索寓言》（*Aesop's Fables*）裡，有個螞蟻和蚱蜢的故事，大家耳熟能詳。孜孜不倦、努力工作的螞蟻，在這個故事裡有著十分正面的形象和價值。

據說伊索還有另一個螞蟻的故事。

這個故事裡，螞蟻原來是個農夫，辛勤工作，但不滿足於自己的收成，夜裡去偷鄰居的穀物。天神覺得這個人不像話，就把他變成一隻螞蟻。可是變成螞蟻之後，他習氣不改，仍然終日忙於到處收集別人的食物。因而寓言提醒我們：江山易改，本性難移。

後人可能覺得螞蟻代表辛勤努力的價值，形象應該裡外一致，不該揶揄，所以絕大部分《伊索寓言》的集子都沒有收錄後面這個故事。

就像螞蟻原來有兩個不太一樣的故事形象，「努力」這件事情也有兩個不同的觀察角度。

第一個角度，「努力」是「懶散」、「懈怠」等等的相反詞，是一種積極向上的精神。於是我們從小到大，經常可以聽到別人在我們耳邊提醒「努力用功」、「努力工作」、「努力前進」等等。「努力」，是「成功」的關聯詞。

不過，真的是這樣嗎？「努力」，就真的能「成功」嗎？

看看「努」這個字。

顯然不但要把吃奶的力氣拿出來，還得像奴隸一樣地持續。換句話說，「努力讀書」、「努力工作」，重要的不是你喜不喜歡，而是你願意忍受，承受鞭策。這樣讀書，這樣工作，就能成功？

真實人生裡，尤其在進入二十一世紀的此刻，顯然這是一種誤解。

太多時候，我們會發現：光是努力工作，不會成功。光是靠意志力，也不會。

有個道理很明白：就像蓋一棟房子，不想好怎麼蓋，而只是努力一磚一瓦地砌上去，是蓋不好一棟房子的。人生就是不停地面對困難的事情，面對走不出的迷宮。而你只靠「努力」，是走不出迷宮的。

要破解迷宮，最重要的是要喜歡破解迷宮。要完成一件困難的工作，也得用一種單純、好玩的心態，嚐試不同的途徑，來找出最適當的解答。所以，光靠「努力」不夠。加上「智力」，也不足。最重要的是，這需要做你真正愛做的事，做你感到樂趣的事，做你感到興奮的事。於是你才會樂此不疲，有一種難以解釋的信心，有一種難以說明的動力，直到最後找出解答。

而樂趣和興奮，偏偏是像奴隸一樣地努力所體會不到的。

如果你做的是真心愛做的事情，自然會一路樂於開發自己越來越開闊的想像力，樂於累積越來越多樣的知識，也會自然而然地越來越保持一種童心，用一種單純、好玩的態度來面對世界。

於是，隨著你越來越善於以「想像力」和「知識」並翼而翔，你也會逐漸發現，所有的工作、所有的難題的解決之道，原來都可以用一句話來總結：「最簡單的方法，就是最好的方法。」

我們大部分人都經歷過「努力讀書」、「努力工作」的人生。太多不顧自己喜不喜歡，而只強調願不願意忍受的事情。

現在，是應該回到我們喜歡的事情，喜歡的工作上了。

擦亮第一根火柴

大家都知道要找到自己喜愛的工作。

許多人也都可以找到自己喜愛的工作。

可是真正能長期做自己喜愛的工作，並且越做越喜愛的人，並不多。

這可打一個比方：大家都知道要找到心愛的人，許多人也都可以找到自己心愛的人，但是真正能和自己心愛的人結合、相守，並且越守越相愛的人卻不多。

原因是：喜愛，需要方法。可以始終提醒初心，並且對喜愛的對象一直保持新奇之感的方法。而太多人卻以為「一見鍾情」就是一切，或者，「攜子之手」就是一切，忘了日後的故事還長得很。

相愛的人開始相守之後，最隱形的毒藥，就是逐漸對彼此習以為常，終至於熟視無睹，麻木不仁。工作也是，最麻煩的，就是自以為熟練了之後，就因循思考，被定型的框架綁住。

怎麼才能打破這個狀態？

多一個角度來觀察你的工作。

觀察也者，本來就是要累積多重角度，而不只是從同一個角度來累積多重事實。如果我們觀察事情的角度太過固定，那麼從這個單一的角度觀察的次數再多，知道的事情再多，也無助於對全局的了解。這就是所謂「知道得多的人不一定明白」，或者，「瞎子摸象」。

相反地，有人之所以能「一葉知秋」，或是「在沙漠裡見一尾而知一駱駝」，正是因為他能從別人沒注意的某一個角度觀察到多一點的跡象，因而有助於判斷全局。重點不在他看到那「多一點的跡象」，而在於那「別人沒注意的某一個角度」。

學習多一個角度來觀察你的工作，和學習多一個角度來觀察你的愛人一樣，都會發生很神奇的作用。突然，在那慣性的滯悶中，你會看到躍動了一下的色彩。不只如此。更重要的是，你會因而產生好奇：是否可能再換一個角度，又能看到另一種光影的變化？

於是，一種對於新奇的追尋開始，也是甦醒初心的開始。

多一個角度觀察你習以為常的工作，像是在黑暗的屋子裡擦亮第一根火柴。短暫的光亮所映照的景象，入目即逝，你會想去找第二根火柴。你知道事情不能只從前面看，還要從後面看之後，就可以繼續練習從上、下、左、右、遠、近、內、外，多重的角度來觀察、體會。於是，你逐漸發現，自己手裡拿的不是一支火柴，而是一支蠟燭，可以觀察的範圍大了許多。又逐漸，你會發現，不只是在燭光過處，你才看得到一些東西，而是突然，像是屋子裡打開了電燈，一目了然。

只有當心愛的人的一顰一笑盡在眼底，纖毫心思的變化都可以細緻體會，彼此才可能真正聲氣相通，水乳交融。

只有當我們對自己的工作始終保持多角度的觀察與體會之後，那個工作才會一直吸引我們，我們也才會給那個工作創造出不斷變化的新鮮面目。

練習「擦亮第一根火柴」來觀察你的工作，不只是可以不被定型的思考所綑綁，還有助於你在面對一個新環境或新工作的時候，可以比較快速地掌握住關鍵。也許，你是因為找到了自己心愛或夢想的工作，所以應該趕快用這個方法來讓你們的關係更密切；也許，你是因為還沒找到自己心愛或夢想的工作，所以應該用這個方法來讓你發現手邊的工作原來就充滿如此絢麗的光彩。

越早練習越好。

2 觀念

工作比床重要

有人認為，人生至少有三分之一的時間是在睡眠，因此，事莫大過一張好床。

其實，人生最少有二分之一的時間花在另一件事情上，因此，怎麼看待這件事情，可能更為重要。

通常，我們總會把工作說成、也想成八小時的事。但是，辦公室的八小時不是孑然存在的。從我們每天起床後的梳洗打扮，到上下班路上耗費的交通時間，都因為中間這八小時而發生。如果說辦公室裡的八小時是工作的直接成本，那前後這些過程和時間就是工作的間接成本。把直接、間接成本合併計算起來，任何人一天都要為工作花掉至少十個小時。

何況，不要忘了，這十個小時是我們體能、精神品質最佳的十個小時。剩餘的十四個小時，扣除睡眠，可供善用的零頭時間無幾。即使週休二日，還有其他五天在重複這種過程。

工作早已是我們生活中佔最大比重的一件事情。

我們和最親密的人廝守的時間，永遠比不上和辦公室裡同事相處的時間。我們對自己深愛事物所能付出的時間，也永遠難以和手邊的工作相提並論。

既然如此，我們如何看待工作，也就是如何看待生命；如何善用工作，也就是善用生命。這不因為行業或職位的相異而不同。

我們常常聽到一種說法：工作，是追求名利的手段。而人生除了名利之外，還有很多不能錯失的東西，因此，犯不著在工作上如此計較。也有人說：天塌下來有高人扛著，一般人都只是公司裡的小螺絲釘，犯不著在工作上如此認真。

其實，越是不求名利的人，才越要認真地工作；越是不為人知的小螺絲釘，才越要熱愛自己的工作。

對於追求名利的人來說，工作之外的樂趣很多；對於公司的高層主管來說，工作之外的好處很多。但是對於甘於平淡的人，對於基層裡的小螺絲釘來說，工作的本身就是工作，並且佔據我們生活中最重要的一個地位。甚至，全部。

因此，我們必須善待自己的工作。善待自己的工作，也就是善待每天最精華的這十個小時，也就是善待自己生命的延伸。

今天我沒法想像，一個在辦公室裡對他自己的工作以及工作環境不快樂的人，回到家裡怎麼快樂得起來。

工作的成敗不必計較。但，工作是否能自得其樂，卻必須計較。

一天24小時的真相

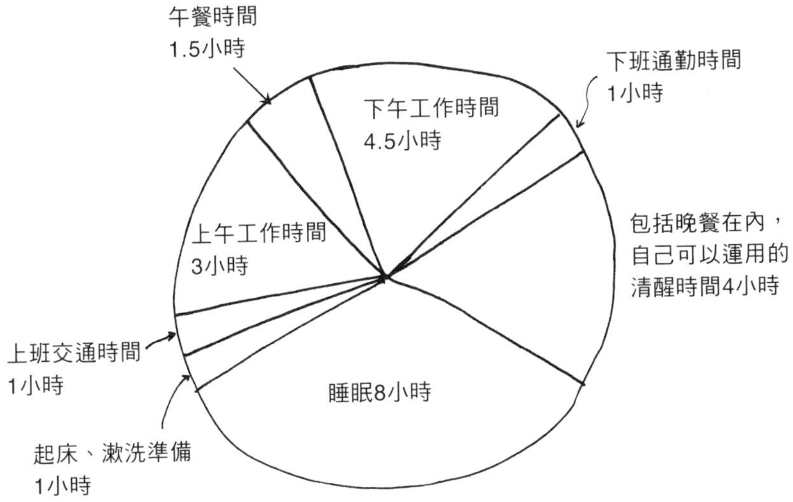

一天之內，純粹可以自己私用的清醒時間，只有4小時。
加上睡眠8小時，屬於自己的時間總共不過12小時。
其餘12小時，都是為了準備工作，進行工作，結束工作而發生的。

三十歲以前不要計較的事情

對大部分學生來說，告訴他求學階段是人生最幸福的時期，他可能聽不太進去。只有出了社會之後，我們才會回頭發現求學的日子多麼令人懷念。

出了社會，進入工作生涯之後，我們每個人還會有段相當於學生階段的求學時期。只是同樣地，這段可能是我們工作生涯中最幸福的時期，同樣也最容易遭到忽視。

我會說：這段時期就是從我們踏出社會，到三十歲之前的一段時期。這段時期，我們對自己的工作和行業幾乎還掌握不到重點，經驗談不上，專業談不上，薪水最微薄，待遇最低下，負重最重，受責也最重，何況還加上最容易受到愛情與婚姻的煎熬。不過，我們對自己行業與工作的認知，都是由這段時間而開始的。不論這段時間的經驗愉快與否，都將對我們接下來的發展產生延續與深遠的影響。我們唯一可以憑仗的，只有自己的努力與勞力，加上一點對未來的幻想與熱情。所以，我會比喻為求學階段的學生。

那麼，我們到底應該怎樣善用這個階段呢？

我只能說，不要計較你的工作負重與待遇，盡量去接受折磨、訓練。不要忘了，在此之前，我們要學習任何東西，都要支付學費給學校，才可能受教。而現在開始，是有人在支付我們薪水而受教。所以，不要想太多。也許，我們應該盡量選一個自己喜歡的行業或工作，但即使不能如願，不論這個行業如何、公司如何、老闆如何，其實都不干我們的事。要注意的只有一點，趁我們還可以從這個工作和公司裡學到東西的時候，盡量去學習。絕不要因為待遇太低而離開一個公司，只能為這個公司給你的負擔與學習的機會不夠，而離開這個公司。

在這個階段，一個薪水豐厚又輕鬆的工作，一定是最隱形的毒藥。

我自己這段養成期大概有五年的時間。想起來，那段時間每天有人幫你改稿，每天督促你做各種最基本的訓練，真是幸福。尤其後來我們老闆要編一本雜誌，要我每個月都得閱讀五十多種國外期刊。最後雖然雜誌沒編得成，但是每個月要讀五十多種期刊的經驗，卻成為一直持續到今天的受益，以及懷念。我對雜誌與出版的多少概念，都可追溯到那段時間。

在以前的年代，在學徒制還盛行的年代，這段時間的持續往往在十年以上。今天，隨著各種社會條件的變遷，這段時間的持續已經大幅縮短。有時候，甚至縮為幾個月的時間。過去，一個大學剛畢業的學生，要幾年的時間才能熬得上一個小主管的工作，今天，很多行業往往只需要幾個月就可以了。

對很多初出社會的年輕人而言，可能覺得這是個十分令人雀躍的機會與時代。但我總覺得有些遺憾與可惜。每個行業都有每個行業的特質，要體會這種特質（還談不上掌握這種特質），沒有相當長的一段時間，是不足以奏功的。這種養成期越長，事實上對我們日後的持續成長越有助力。

三十歲之前，有很多事真的不應該計較得太細。

怎麼善用公司這所學校

有人說：「社會是一所大學。」意思是：我們在社會上可以學習的事情很多，可以活到老，學到老。

我倒更想說：「公司就是一所大學。」我們太多事情，都不是從學校或課本學來的。我們上班的公司或者單位，才是我們進入社會後，另一所大學。

如果說，學校教我們的是一些理論的知識，那公司這所大學教我們的就是應用的知識。如果說，課本上講的是一些經典的知識，那公司這所大學教我們的就是最尖端的知識。如果說，求學過程我們吸收的是基礎知識，那麼就職過程我們吸收的就是各行各業實戰的知識，以及經驗。

我們在學校裡所學的，本來就和就職時要運用的有一定的差距，等網路出現後，這種差距就更明顯了——因為網路世界帶動的知識的創造及應用的速度，又遠非學校教科書改編的速度所能相比。

這得有兩個認識。

第一個認識：離開校門後，是另一場學習的開始。

第二個認識：就職，不只是為了賺得一份薪水，也是為了進行另一場學習。

所以，我們如何善加利用公司這所大學，也就成為很重要的課題。

一個公司的老闆，就像是一所大學的校長。各個部門，像是不同的系所。高階主管，像是系所的院長、主任，或名師。中階主管，像是講師或助教。所以，面試的時候，公司要對你的所長有所了解，你也要對公司這所大學的師資與資源有所了解。

進公司之前，你對公司這所大學的了解越多，越知道自己為什麼要進這所大學。你越清楚自己為什麼要進這所大學，其實，你可能被錄取的機率越大。

進了公司之後，你可以學習的就更多了。公司裡的企業文化與價值觀，是學校的校訓，你可以用來判斷這所學校重視哪些基本功，或是工作倫理。

你自己主要工作的部門，是你的主修科系。你工作上要經常接觸、協調的部門，是你應該旁聽或輔修的科系。你的頂頭上司，是你的指導教授。你頂頭上司評估成績的喜惡與標準，是你功課可能當掉或過關的指標。

任何學校裡，都有受歡迎的老師與不受歡迎的老師。有滿腹經綸但不善於講課的老師，有內容深刻又非常會教學生的老師，也有沒有什麼內容又喜歡修理學生的老師。公司裡的主管也是如此。所以，有時候，要懂得學會如何轉系。

公司裡的同事，就像同學。而任何學校裡，同學之間的互相激勵與競爭，是求學最強的動力。所以，看看周邊的同事如何，也有助於你了解自己能在這所學校裡學到些什麼。

如果從這個角度看，為什麼有些事情在三十歲之前不要計較的理由，就更清楚了。求職的時候，如果只注意薪資的高低（有時候還只是一些零頭的差別）來決定要選哪一家公司，你就知道有多麼荒謬了。

你還在求學，何況這所學校又還不收你學費，更付你薪資呢。

工作倫理之一：公私之別

我們在基層最需要切實要求自己掌握的，是工作倫理。

家庭有家庭的倫理，上班族也有工作的倫理。這些倫理可能是學校沒有教的，甚至可能是公司也不會明講的，但卻是一定存在著的。

我試著把工作倫理整理成四條。

有一次，一位長輩談怎麼評價一個人，覺得很有道理。他說：「工作能力，可以打零分到一百分，健康，好比要乘上電腦的0或1，品德，則是最後加上的正負號。」

也就是說，工作能力打到九十九分，健康如果不好，乘了零，那就一切歸零。工作能力九十九分，健康也好，乘了1，但是如果品德不好，最後再加個負號，那麼只是危害更大。

品德的課題，越是到了高階主管的層次，越重要。

當然，品德是很無形的，也許，也相當主觀，因此今天越來越容易被放在一邊。但是，如同社會給道德定下一個最低的防線：法律，企業也可以給品德定下最低的一個防線：公私之別。

工作倫理的第一條，就是要明白「公私之別」。

公私之別，說來清楚，做來不然。主要原因有二。

第一，公私之別，不是絕對的，而是相對的。公司與個人，是相對的公私；公司的整體和裡面的部門，又是相對的公私；社會和公司，又是一個相對的公私。這還只是最簡單的舉例。因此，不容易隨時掌握自己在這相對之間的立場。

第二，公私之別，大多數時候分際著重於直接而有形的金錢。但也有時候牽涉到間接而無形的利益。一個總統要發動對他國的戰爭，到底是為了國家利益，還是為了解除自己緋聞案的壓力？一個閣揆要公布利多的政策，到底是為了社會的公益，還是為了拉抬自己的政績？一個總經理要衝刺業績，到底是為了公司長期的發展，還是為了短期帳面的好看？沒有任何人能講出個客觀又絕對的所以。因此，不容易誠懇地面對自己。

正因為公私之別不容易掌握，所以這其中又有一個最低的標準：最起碼，公司與個人之間直接而有形的金錢分際，一定要嚴守。

這種分際，大的固然要守，小的也不能疏忽。個人對公司固然要戒慎，公司對個人也不能馬虎。

從小處著手，也許開始的時候會覺得有點繁瑣，甚至覺得有點做作。但是久了，自然了，就會成為思考的一部分，習慣的一部分。

由這個基礎開始，個人與公司、上司與屬下、公司與同業、企業與社會之間的公私之別，才可能練習掌握其分際。

和「公私有別」相對的，另有一句話：「水清無魚」。「水清無魚」會成為一句名言，不可能沒有道理，但是，沒有一定的功力和定力，最好還是不要信奉這個道理，否則，難免「濁水死魚」。

打個比方，常聽到一句口頭禪是：「酒肉穿腸過，佛在心頭坐」。然而真正的佛教畢竟還是另有一套基本戒律。不遵守這個戒律，佛是不會心頭坐的。

公私之別，是企業社會裡的基本戒律，是工作倫理的第一條。

工作倫理之二：主從之分

三十年前，我剛出社會不久，有一次聽一個人談論麻將桌上的一段道理，一直留給我很深刻的印象。

那位胖胖的先生是當時我老闆的牌搭子。嗓門很大，平常講話也常常口無遮攔，所以上了麻將桌也是他話最多，聲音最大。

不知怎麼，有一次他卻和我聊起麻將桌上的規矩。他說：有人講，麻將桌四邊一樣大，所以，上了麻將桌，就是不分父子，誰都一般大。因此，很多人在麻將桌上自己的牌打臭了，或是看別人亂了自己的局，就會口裡不乾不淨起來。

「你別看我平常時候什麼都講得出口，」他跟我說，「在麻將桌上，我可不會嘴巴不乾不淨。」

接著，他說出了他的道理：「麻將桌四邊一般大，坐上去的人，人人平等。可是你得記住你有下麻將桌的時候，下了麻將桌，是你長輩的還是你長輩，是你上司的還是你上司。所以，在麻將桌上，你不能沒有分寸。」

事隔這麼多年，在寫這篇文章的這個時候，我也很好奇，他說的話，尤其是最後談到的「分寸」，為什麼就讓我有了那麼深刻的體會。

如果在四邊一般大的麻將桌上，我們都必須注意人際的「分寸」，那麼在現實世界裡，豈不更是如此？後來一路三十年的上班族生涯，「分寸」這件事情，一直沒有離開過我的心頭。

到底「分寸」要怎麼拿捏？

首先，要明白「主從之分」，並且謹守「主從之分」。一個企業或組織，在層級高低上有主從之分；平行的層級上，工作任務的分配有主從之分。

自認為有本領的年輕人初出社會，不免會覺得自己的成長需要加速。這是好事，但是要在不破壞「主從之分」的前提之下。因此，「越級報告」是破壞上下層級主從之分的一個例子；「英雄主義」是破壞工作團隊主從之分的一個例子。這些例子，都是要避免的。

在自己必須扮演「從」的角色時就能拿捏住「主從之分」，等到了自己要扮演「主」的角色時才能掌握住「主從之分」。反之，等到了自己是「主」的時候，就算你在全力控制手下的「主從之分」，那也只是出於官僚主義，而不是真正建立團隊工作中的倫理。

最後，既然是「分寸」，它的重點一定都在一些分分寸寸的細節上。所以，對任何人的言語及行為，都必須從最細小的地方注意起。

這如果算是平時的練習，那麼有些特別時刻就要更加注意。

很多人會因為別人一時的失意或下台，而對他有言語、行為上的差別待遇。大家可能會覺得，現在你下來了，我們平等了，所以就「快意恩仇」起來。但是要練習自己對人際關係「分寸」的掌握，就得提醒自己這種時刻要特別注意。越是自己有資格、有能力「快意恩仇」的對象，這個時刻越應該去仔細體會，自己要如何從言語或動作上最細微的地方對待他，掌握自己的「分寸」。

工作倫理之三：不背後說話

我們公司裡的工作守則裡，有兩個No，也就是希望同事不要碰觸的禁忌。

這兩個No是：

不要不同意但不表達。

任何人都有自己的想法與主張。

因此，不論在和同仁討論還是接到上司指示的時候，自己有不同的想法與主張，一定要表達出來。

不表達，就是表示同意。同意，就不能在執行的時候大打折扣，甚至另走他途。不同意但不表達，對內對外都會製造事端。

不要在背後發洩對別人的不滿（包括上司）。

我們鼓勵上司對屬下有意見，第一個讓屬下知道。這是對當事人的尊重。同樣地，我們也鼓勵屬下對上司有意見，第一個讓上司知道。這也是對當事人的尊重。千萬不要在背後發洩對別人的不滿。

這兩點要求，和「誠實」的要求有一體兩面的作用，但又稍有不同。簡單地歸納的話，就是不要在背後說話。不在背後說話，說起來不像是什麼積極進取的工作理念，但卻是避免內部力量虛耗的工作倫理。

想要屬下避免背後說話的惡習，上司必須以身作則。

舉例來說，有些公司的管理者，到了要請他心中認為不合適的某位同仁離職的時候，就碰到相當的心理障礙。所以他會想各種辦法讓這位同仁知難而退，不是所謂的讓人家穿小鞋，就是乾脆四下放話，搞得整個公司誰都知道這位上司不喜歡或不滿意這個人，偏偏就是當事人不知道——或者，當事人有機會裝作他不知道。

我覺得這種背後說話，是最麻煩也最不值得的事情。

第一，背後說話，很耗時間與精力，肯定不利於正常或積極工作的推展。

第二，這種上司在示範十分惡劣的一種企業文化，會讓其他同仁有樣學樣。

練習基本功的時候，我們管不了自己的上司。但是我們管得了自己，可以先讓自己養成在任何時候都不隨便在別人背後說話的習慣。

劉備的兩個提醒

談了三個工作倫理，就工作的原則而言，大概只能談到這裡。

接下來看看有沒有什麼方法來實踐這些原則。

我不想從各個原則之下來談各自可能的方法，太瑣碎，也反而容易模糊焦點。我要講一個說起來很總括性的，但事實上又是很實際的方法。

這個方法是兩句話：「莫以惡小而為之，莫以善小而不為。」

我是小學時候看一部改編自《聊齋》鬼故事的電影，第一次聽到這兩句話。後來，知道這是《三國演義》裡劉備臨死前，贈給他兒子阿斗的遺言。雖然一路知道這兩句話，但是最近才越來越真正體會到這兩句話的價值與力量。

在拿捏「公私之分」、「主從之別」、「不背後說話」的工作倫理時，如果覺得這些事情太過縹緲，太過難以捉摸，那就不妨隨時以「莫以惡小而為之，莫以善小而不為」這兩句話來檢測自己的言語、行為。

這裡的「惡」、「善」，不只是道德上的定義與涵義。

練習控制情緒的時候，不該發的脾氣卻發了，就是「惡」。相反地，控制住了，則是「善」。

練習實踐承諾的時候，任何一個說出口卻黃牛的事情，就是「惡」。相反地，實踐了，則是「善」。

依此類推。

因此，「莫以惡小而為之，莫以善小而不為」就是提醒我們，所有這些基本功與工作倫理，都是從一些小事上鍛鍊出來的；所有這些基本功與工作倫理，也都是從一些小事上被破壞殆盡的。

劉備的這兩句話，也可以換一種比較流行的管理說法。那就是「細節」的重要：細節是魔鬼，細節也是天使。

成敗之分，在此。

不要讓自己成為一種很討厭的人

一個企業裡，一個辦公室裡，有形形色色的人。其中，有些人是很惹人討厭的。

愛開黃腔的人。

愛動手動腳的人。

愛講別人閒話的人。

愛佔別人小便宜的人。

很多很多。各有各惹人厭的理由。

新進社會的年輕人，一定要及早覺察，看看自己是不是有惹人厭的習慣。

尤其，不要養成一種習慣。

如果說辦公室裡有一百種惹人厭的人物典型，那麼有一種習慣的典型一定是其中公認最令人討厭的，一定是眾人公敵。

這種習慣就是搶功，諉過。

工作上，大家都想有所表現，大家都不想出了錯被責罰。這是人之常情。

但是，千萬不要想表現想到去搶別人的表現，想逃避責任想到把責任丟到別人頭上。尤其不要在自己還年輕的時候就輕易嘗試這種惡習。這是一種鴉片，一旦試過又嘗過甜頭，就很難斷掉。

使用搶功、諉過這種招數，招來公司同事的討厭，並不是最可怕的。

最可怕的，是隨著你想掩飾自己的招數，你會把使用的痕跡越來越湮沒。

到了這種段數的時候，你已經把這件事情深化到自己的性格裡了。

你沒有時間與精力去真正做什麼事情．你的時間與精力，都拿去精細地算計，如何可以讓事情成了的時候，自己能順水推舟地站到鎂光燈底下，事情不成的時候，千錯萬錯，錯都不在你。

你可能還是在很高的位置上，你可能還是可以拿很豐厚的薪水，不過，你內心的深處，總有個地方會顫抖。

何必呢？

及早不要讓自己染上這種討人厭的習慣。

小螺絲釘的光芒

初出社會的年輕人，還沒有家累，相對之下，比較有更大的餘地轉換工作。所以說是像小鳥。

但是，有些人的運氣比較差。

你好不容易進了一所企業大學，但不是發現自己的部門有問題，就是發現公司的本身有問題。不是公司教不了你什麼，就是公司的發展餘地太小。你的頂頭上司，只是以很低廉的代價，在不停地壓榨你的勞力與知識。你也許進來之前就有所感，也許進來之後大失所望，都太晚了。更麻煩的是，由於家庭因素，或是經濟因素，你就是明知這其中有問題，仍然必須為了這一份薪水，繼續留在這個公司裡。

說年輕人可以練習轉系，年輕人可以練習轉學，對你而言都不成立。

這個時候小鳥要如何自處？

不要羨慕別的公司待遇多好，不要羨慕其他企業資源多麼豐厚，不要羨慕別的企業有多麼美好的學習機會。

這些都與你無關。

你既然離不開這裡，那就好好地練你的一些基本功夫吧。就算你的工作環境裡沒法讓你接觸到行業裡最新的知識，最好的資源，但最起碼你在自己的工作崗位上有基本功可以練。

拿不到寶刀、寶劍的時候，就全力練你的樁，站你的馬步。

這些基本功可以維持你在任何環境裡站穩你的腳步。而你越是沒有其他武器可用，只有這些基本功可練的時候，這些功夫會練得越扎實。這樣等你將來有一把趁手的武器時，你能爆發的力量將非同小可。

可是，萬一我們公司的企業文化，或我們公司的高階主管就不重視這些基本功呢？

這樣的環境，的確可以選擇離開，如果能的話。

萬一你的條件仍然不允許，在種種條件的限制下就是沒法離開的話，也沒有關係，就留在那裡吧。

在一片最深的漆黑中，越是一個小小的光亮，越耀目。

耀目的光亮，總會在各種可能中被別人注意到。

那時，就是你的機會。

3 方法

怎樣尋找一個心愛的工作

之一

尋找一個心愛的工作，和尋找一個心愛的人的道理，是相通的。

有的人很幸運，找到的第一個工作就是了。好像初戀情人一下子就可以白頭偕老。

但大部分人都要尋尋覓覓，第一個工作就好像還不成熟的初戀，總要告別，然後在未來的日子裡，不斷地在失望與希望中擺盪。

或者，我們終於在一個職業或工作上穩定了下來，就好像我們終於以婚姻來穩定了自己。但是，如同婚後很多人還是要搞點外遇，我們在工作上也不免對別的職業或工作東張西望。

在這個尋覓的過程中，有什麼祕訣可言？

我們出門去任何一個地方旅行，都知道自己要先有目的地，然後才知道應該取道哪裡，經過哪裡，使用什麼樣的交通工具才最合適。以我們日常生活來說，通常一天的時間裡我們要做些什麼，早晚如何安排，或者說這一星期我們要忙些什麼，因而週一到週末如何安排，通常自己都很清楚。

但是很奇怪地，一旦時間拉長，說起十年之後、五年之後要做些什麼，很多人卻反而會說，那太遙遠，不必想清楚，再看看。

這是很不合道理的。

正因為是很遙遠的事，所以我們才必須想清楚。否則，一天、一個星期內的行程錯了很好調整，但是走了五年、十年的旅程卻發現走錯了的時候，卻是很難調整的。

思考如何找尋工作，不應該是在畢業之後才開始的。

所謂要規劃生涯，規劃未來的工作，應該是從我們在學生時代就開始——越早越好的學生時代。以一個大專畢業生來說，這個問題應該起碼在他進大學或專科之前就想好，因為他有了他的方向，所以，他會進大學，或進專科，學習一些東西，以便準備他未來離開學校之後所用。

到了大學畢業或者到大學的最後一年，才來思考如何找尋工作，太晚了。

現在的教育系統，加上考試方法，再加上父母觀念的影響，往往造成兩種狀況。

第一種狀況是，進大學的確是有想法的。這些想法來自於社會氛圍裡熱門產業或職業的發展，因而以此為目標，希望自己畢業後也能沾沾熱潮之光。但這種想法太淺，通常最容易看到的結果是，等你四年後畢業，不是熱門職業不再，就是和你同樣科系畢業的人太多，供過於求，絕大部分人都找不到工作。這很像是大家都說現在渡假流行去海邊，你也去了。但是到了之後，發現海灘上人滿為患，你沾不到水不說，連沙灘可能都踩不上。

還有一種狀況是，求學生涯，和日後的工作規劃，根本無關。求學，只是一個考試志願和分數妥協下的結果。讀什麼科系，和自己的未來無關，和自己的興趣也無關。然後，等到要畢業了，再想自己要進什麼行業，找什麼工作。也許，這種情況的好處是，你不至於趕上了人滿為患的沙灘，然而，你卻可能發現，自己根本就連天南地北都分不清楚，徹底迷失了。

所以，求學階段就要開始準備未來的工作生涯，最好是從另一種角度思考。一個高中生，或者大學生，應該盡最大的努力，思考自己（而不是父母或任何其他人）十年後希望成為的人，以及那樣的人所工作的型態。然後，把所有的時間都投入到補充自己的知識養分，使自己越來越接近成為那樣的一種人。

怎樣尋找一個心愛的工作

之二

很可能，我們沒來得及在求學階段那麼早就讓自己的所學，和自己未來的工作做了結合。

我們終究不免到要跨出校門的前夕，或者是出了校門，才開始思考怎樣尋找一個心愛的工作。

這個時候，我們應該提醒自己，正因為自己錯過了在學校時候對未來工作的規劃，現在更要謹慎從事；正因為我們已經糊里糊塗地搭過一段列車，所以現在起更要頭腦清醒地想像自己的未來十年，尋找一個讓自己未來十年可以很快樂地成長的工作。

怎樣尋找？

答案很簡單，就在「心愛」這兩個字上。

我們來想想，尋找一個心愛的人，要注意的是什麼。

第一，由於我們要尋找的是「心愛」的對象，而不是「有錢」的對象，所以對方的財富如何，不是我們所最重視的。

第二，由於我們要尋找的是「心愛」的對象，而不是「英俊（或美麗）」的對象，所以對方的相貌如何，不是我們所最重視的（戀過愛的人都知道，來不來電的對象，和外貌美不美麗、英不英俊，往往關係不大）。

尋找工作的時候，也是如此。

工作的薪水待遇，像是你要追求對象的財富；行業或公司的名氣與形象，像是你要追求對象的相貌。

我們既然要尋找一個心愛的對象，就不能為對象的財富或相貌所迷惑。我們要傾聽內心的聲音，看看哪個工作才能激起我們的熱情，或者，值得我們構思一個未來十年的夢想。

然而，人生，不如意者十之八九。

我們很有可能連續遭到一些不幸。出了校門，很可能自己想了半天，還是想不出可以點燃自己熱情的方向，於是開始了一個不痛不癢的工作。甚至，你覺察到了不應該如此下去，然而或是由於家庭或是經濟因素，就是沒法更換工作……於是，這個不痛不癢的工作持續一年，兩年，十年，二十年地過去了。你可能永遠錯過了自己「心愛」的工作。

那又怎麼辦？

這些問題，不是這一篇文章能回答的，而是這一整本書想要回答的。因為最起碼，我自己就是一個在排斥了自己的工作將近三十年之後，才回頭擁抱自己工作的人。

工作選擇之一：大企業

一個新出社會的人，面臨的工作選擇，大約有五類。這五類，各有不同的特質與陷阱。除了你自認為的所長之外，應該還要評估一下自己的個性，看看到底最適合進哪一類發展。

第一類，是進一個大企業工作。這裡所謂的大企業，是指已經具備全國性知名度，產品亦具有相當的知名度。

在這樣的大企業裡工作，有許多好處。

首先，大企業提供的薪資報酬與福利制度要高出社會上一般企業許多。

第二，大企業給人巨石般的穩定感，在裡面可以大樹底下好乘涼。

第三，大企業裡組織、制度、工作程序與規章都比較完整，因而工作起來比較有根據，好學習。

第四，大企業裡資源豐富，做起事來不會捉襟見肘。

第五，大企業本身的形象熠熠生輝，讓工作其中的人也感到與有榮焉，出外有一種自傲之感，和別人打起交道來也有一種得利的氣勢。

有以上這些好處，所以能進這個大企業的工作，成為許多年輕人的嚮往指標。

但是，在大企業裡工作，也有大企業的壞處。大企業與小公司最大的不同，就是小企業面臨的風險與掙扎，主要是對外的；大企業面臨的風險與掙扎，主要是對內的。

理由很簡單，大企業夠大，所以內部環境就足夠成為一個生存競爭的環境，內部的資源，就足以為競爭生存的誘因與動機。

所以，進大企業工作，你最好有相當的企圖心，在這個企業裡爬上一定位置的企圖心。正由於大企業的資源豐富，所以要到一定的位置以上，你才能體會到在大企業工作呼風喚雨的好處。如果你有幸能在大企業裡爬上職階的頂端，那是一種很特殊的機遇，很特殊的眼界，也是很特殊的享受。

因為在大企業裡工作的這個特質，所以你的專長固然重要，但也要有能力與性向，可以適應複雜的人事關係。你要懂得觀察分析企業的組織，你要明白自己所屬部門的位置，以及這個部門主管的人脈位置。大企業就是一個濃密的森林，森林裡資源豐富，但是陷阱也很多，如果你沒有能力與性向來處理人事，或者適應人事，那麼你是很難爬上一定位置，甚至很難生存。

選擇進大企業工作，可以有很多理由，但一定不要是因為大企業的薪水、待遇比較好，更別說什麼比較穩定這種理由。大企業是一個短時間內看來極為光鮮的工作選擇，但是內部的優勝劣敗極為明顯又殘酷的世界。

大企業適合喜歡跟同儕競爭的人工作。

工作選擇之二：小公司

大企業由於薪資福利等待遇都好，所以是熱門工作選擇，招聘名額也就有限。種種原因進不了大企業的人，最常見的選擇就是進一個小公司工作。

在台灣，大約可以如此描繪這樣的小公司。

公司的人數，大致在三兩個人，到五六個人不等。十個人到二十個人，已經是相當有規模。公司有老闆，老闆通常都有十八般武藝的本領，再或許，老闆娘也在公司裡兼有一個工作，譬如財務或會計。

在這樣的小公司裡工作，有許多壞處。

第一，公司裡也許有部門的劃分，也許沒有。不像大企業裡部門井然，分工有序，小公司裡的員工必須一人多用，一心多用。該你做的事你要做，不該你做的事也要由你做。

第二，小公司裡的工作程序與規章都不完整（甚至沒有），因此做起事來容易沒頭沒腦。

第三，小公司的薪資報酬一定沒有大企業那麼美好，福利制度，往往也不見得很清楚。

第四，小公司資源短缺，做起事來瞻前顧後，難施手腳。

但是，在小公司裡工作，也有一些好處。前面說過，大企業與小公司最大的不同，就是大企業面臨的風險與掙扎，主要是對內的；小企業面臨的風險與掙扎，則是對外的。

小公司能訓練你的，是空手奪白刃的散打。大企業裡部門井然地訓練專才，小公司裡組織混亂地訓練通才。

所以，進小公司工作，你不應該那麼計較待遇，因為事實上也很難計較。

進小公司工作，必須把小公司所有的弱點當優點來使用。

小公司人力不足，一人必須多用，那就讓自己有機會得到大企業員工得不到的跨部門工作機會與能力。

小公司裡沒有可以遵循的工作流程與規章，相對地也就多了可以由你思考，甚至創造解決問題方法的空間。

小公司的資源不足，可以用來鍛鍊自己把公司內部點滴資源做最大化發揮的能力，善用公司外部資源，做最有利聯結與結合的能力。

小公司的福利待遇不好，正好用來刺激自己奮發向上——不論在公司裡，還是準備另有高就。

小公司當然免不了經營不下去的風險，會倒掉，所以你不應該指望自己能在小公司裡退休。但是如果你能把握自己在小公司裡的工作機會，訓練出多元的工作能力，那就是你最大的收穫。這些多元的工作能力，本身就足以讓你在尋找下一個工作的時候成為很好的資產。

何況，運氣好的話，你還可以碰到一個老闆賞識你，邀請你一起跟他打天下。甚至，運氣再好一點，你還可以利用一身練來的本領，乾脆自己創業，也當起老闆來。

工作選擇之三：公家機關

很長一段時間，進公家機關工作，是許多年輕人的首選。

公家機關，是超越大企業規模的大企業。

所以，大企業的好處，公家機關都有。

公家機關的薪資報酬與福利制度，往往是極為豐厚的。

一些預算豐富的公家機關，做起事來不但不會捉襟見肘，還會是各方巴結的對象。手控預算的公務人員，走起路來也是虎虎生風——起碼在心裡。

最重要的，大企業像巨石的話，公家機關可能就像是一座高山，更穩定，風險更低，足可以訂下一生工作，在此退休的盤算。

也就因為這些原因，所以就像大企業一樣，公家機關也很難進去。

在我的經歷中，小公司、大企業、自由業的工作都做過，但沒進過政府或公家機關工作。所以由我來談公家機關的工作如何，難免有隔靴搔癢之處。不過，近年來，我有機會為一個非營利性質的基金會工作，也因而有了比較多的機會和政府機關的人打交道。有了這個比較近距離觀察公務人員的機會，所以也對公家機關的工作有了一些體會。

公家機關最大的問題，就在於處理任何事情都必須有法令規章之本。而任何政府相關制度與工作方法的設計，又不免落後於民間好幾拍，於是工作起來就沒有民間企業的彈性，十分僵硬。

公家機關給人的那種穩定感，也有風險。那種穩定感會使你誤以為人生與世界的運轉，就將如此永遠下去。這些主客觀因素加起來，很可能就使得公家機關裡的人，工作與生活節拍不同於社會裡的其他領域。

可是，從一些優秀的公務人員身上，我們也可以發現，「公家」機關也可能是鍛鍊許多能力的地方。

首先，既然是公家，既然處理任何事情都必須有法令規章之本，所以在公家機關工作，得結結實實地訓練自己引用法令規章的邏輯能力，思考事情的周全能力。

第二，公家機關固然可能因為種種人事的規矩，而難有民間企業的快速拔擢機會，但是卻總可以穩定地升遷。在這條穩定成長的路上，如果能不斷地累積自己工作的經驗，將可以培育出極為深厚的專業及處事能力。優秀的事務官，都是這樣出來的。

如果你願意利用公家機關裡大多數人節拍比較慢的機會，加快自己的腳步，尋找往上爬的機會，誰知道你有一天高升到哪裡。

如果你沒有那個想法，或者沒有那個機會也無妨。還有另一件事可做，就是回到公務人員的本質。

公務人員，就是公共服務的人員。

你應該多品味「服務」這件事情。公家機關的工作節奏也許不必像民間企業那麼急遽起伏，但是如果你願意回歸到「服務」的本質來看待自己的工作，那麼隨著你要服務對象的需求之五花八門，你的工作內容也可以是生動多姿的。

一個公務人員在種種（往往過時）法令規章的重重限制下，還可以為他要服務的對象找出一條法、理、情各方面都兼顧的解決方案時，那種創意是其他行業所難以感受的。

公家機關的工作，看你要怎麼對待。

工作選擇之四：自由業

今天的工作，不見得那麼好找。公家機關、大企業進不去，小公司也沒有機會的話，有些人會想到乾脆當個自由業，自由創作，譬如作家、畫家，或翻譯。

自由業當然很好，但是應該有兩個前提。

第一個前提，是不要把它當作找不到其他工作時候的選項。上班族總要受到公司與單位的一些規定的束縛與拘束，自由業則不；上班族總有公司與單位的一些固定薪酬與福利，自由業則沒有。

換句話說，和上班族比起來，自由業的利弊與甘苦是極為對比鮮明的。在這種對比鮮明的狀況下，如果你不是真心或一心想要成為自由業，而只是想當一個上班族不成之餘才想當自由業的話，你很快就會支撐不下去。

自由業是一杯烈酒，得有相當好的酒量打底。你只是想找啤酒來喝而不得，卻想端起這杯烈酒的話，不是個好主意。

第二個前提，你得有異於一般人的自我紀律與要求。最基本的，你一定要有紀律在沒有任何人要求你的狀況下，每天持續工作八小時——沒有鬆懈，自得其樂。

一九八〇年代起就轟動華人世界的蔡志忠，是自由業裡的一個代表。他要以漫畫來創作這件事，是從他童年就訂好的人生志向。初中沒畢業，他就決定隻身從鄉下來到台北當起漫畫家。幾十年來他一直都在當自由業（除了中間一度開過卡通公司當老闆）。

以近七年來說，蔡志忠每天都維持十六個小時以上的工作量。七年的時間裡，他累積的工作稿量，有一千冊筆記本之多。一年平均一百三十冊，一個月平均十冊以上。這就是自由業的工作紀律。

二〇〇〇年前後開始紅遍華人世界的幾米，也是自由業的一個代表。他開始以插畫與成人繪本工作以後，固定每天都像朝九晚五一般地忙碌於自己的工作室裡。我們做出版的人，一個很主要的工作是催作者的稿，作者的進度落後，是常有的事。但是和幾米一起工作，他的創作進度永遠超前於出版者。你不用擔心他沒有作品交給你出版，你要擔心的，是怎樣把他源源不絕的作品排出一個順暢的出版節奏。那也是自由業的工作紀律。

從蔡志忠和幾米來看，我們可以知道自由業真是個好工作。只是，你要想清楚自己是否具備那兩個前提。試六個月，就可以知道的。

新出校門不建議的兩個選擇

新出校門，有兩個選擇，是我不建議的。

第一個是創業。

找不到工作，又發現自己並不適合當自由業的時候，有人會動到找點錢，來自己做點生意的念頭。現在的說法，叫創業。

創業，其實也是一種自由業，更複雜的自由業。

創業的人，首先得具備所有自由業需要具備的條件。第一，你得真是熱愛創業，真心喜愛做生意發財，而不是找工作無門之後，為自己創造一個工作而已（我自己就犯過這個毛病，請見〈愛情與第一個工作〉）。第二，你得有充分的紀律，要求自己鞭策自己做好一個老闆的工作。

但是創業做生意，和當一個作家最大的不同是：相當程度上，作家只要把他自己管好了就行，只要做好創作的本身就行，但是做生意卻相反。做生意最起碼還要管理到其他人，其他許許多多和創作本身沒有直接相關的事情。

所以說，創業是更複雜的一種自由業。

由於這些複雜，不是一個剛出校門的年輕人能想像的，所以我不建議。

想要創業，最好先有過一些工作，有過一些老闆，因為你自己不滿意這些工作與生意的進行方式，因為你不滿意這些老闆的表現，所以才想自己來當一個老闆，做些新的示範，採行一些新的工作與生意方式。

這才是創業的本質。

近來由於大學的廣設，過去是窄門的大學，現在不是了。過去還有一點獨特性的大學文憑，也早就普及或氾濫了。於是，我們不時會聽到有人在感嘆，今天的大學學歷，簡直等於過去的高中學歷。

這使得拿著文憑要找工作的人，不由得心虛起來，想要讓自己的學歷再提高一些。於是，出了大學校門之後，有人想到繼續讀研究所，希望未來以碩士的學歷佔一個比較好的競爭位置。

讀研究所是一個人生的選擇，但不應該是為了準備應徵工作的履歷，而做的一個選擇。

為了準備應徵工作的履歷而讀研究所，最大的風險，是你養成逃避的習慣。在這種習慣下，讀研究所的收穫也不會太大。當然，在仍然很看重文憑的華人社會裡，目前碩士的學歷可能會讓你佔到一點便宜。但是在這種心態下讀出來的碩士實力，很快就會再度被社會的現實戳穿。

你真想深入研究什麼，可以把研究所列為考慮。但，不要因為想要延後面對就業的壓力，或是指望一張碩士文憑在找工作時候有所幫助，而讀研究所。

對所有的人來說，這都是浪費。

求職信的光澤

在過去網路沒這麼發達的時候，公司徵人要在報紙上登小廣告，應徵者常用的則是一種可以貼一張照片的制式履表。

應徵信有時候會不少。但是是否可用的，往往一眼就看得出來。

因為其中大多數的人，都只是寄那張履履表。你會看到來者的姓名、性別、籍貫、畢業學校，大致也就如此。這麼光禿禿的一張簡履，最先被扔到一旁去。（嘴裡還要叨念一句：寄這不浪費錢嗎？）

另外一些人，會加一封自傳性質的信。可你只要看一兩行，也就知道這是在寫他／她家裡有父母兄妹幾人，自己有些什麼休閒愛好等。

真正值得面談，或甚至立刻知道可以用的人，總是會那麼一下子就跳了出來。

這麼說，世界上最好寫的，可能就是求職信了。因為求職信要怎麼寫得亮眼，其實很簡單。

求職信其實就是求愛信。

沒有人想收到一封一看就知道你是寫給很多人看的情書。求職信也是。千萬不要讓人一看就知道你這信寄了八十八家。

你不但要讓對方體會到這封信是特地為他寫的，還要很誠懇地說出你為什麼是對方在等待的人，在尋找的人。

所以你在讓對方了解你之前，得先讓自己了解對方。如果你沒研究過在徵人的公司的背景，沒有思考過他們職缺所傳達的需求，你就說不清楚自己為什麼適合這個工作，以及可以為這個工作創造什麼加值。說不清楚這些，其實也就不必浪費時間。

很多人把面談當成第一次面談。面談其實是第二次面談。你發出的求職信才是第一次面談，只不過這次面談是透過文字來進行的。所以，你寫信的時候，就要把面談的人當作坐在對面，然後一句一句地把自己要說的話講清楚。

講清楚，但是不要太長。

要有熱情，但是不要給人壓迫感。

要透露謙虛，但是不要讓人把你小看。

要讓人感受到你的自豪，但是不要吹噓。

如果你了解了對方的需求，但是捫心自問，卻找不出自己為什麼適合這個工作的強項，那就不要硬試。你真想要這個工作，真想進這家公司的話，可以做一件事情，就是先讓自己在門外準備。

門外準備，就是找尋其他的機會，先鍛練自己將來拿得出手的強項。也許半年，也許一年，準備好了你再去敲他們的大門。不必擔心有沒有名額已滿的問題。因為基層的許多工作，公司總是會儲才。一般新飛的鳥兒，都是衝衝撞撞。你如果真的能走過一趟門外準備的這一關，一定會讓人看出你的羽毛有什麼不同的光澤。

大家會看得出來，那是一種叫作誠意的光澤。

一定升遷的祕訣

上班族不免有個好奇：到底什麼時候才能獲得提拔？怎樣才能得到升遷？

如果你已經是中堅幹部，想的是如何晉升到更高的決策層主管的位置，這個問題沒那麼好回答。因為牽涉到的真實因素，經常比我們表面上看到的多很多，很複雜也微妙。

但如果你還在基層，如果還是個社會新鮮人，那麼這個問題就真不難回答。因為牽涉到的真實因素，經常比你表面上看到的少很多，很直接也很單純。

如果你想升遷、調薪，只要做到兩件事情，就可以成真。

第一件事情，就是守信。你答應你上司什麼時候做完的工作，一定要在那個時間之內做到。

當然，交出去的工作的品質很重要，那是不在話下。但是要把一個工作的品質做到什麼程度才叫好，往往很主觀。更重要的，那涉及到你的知識、經驗、品味，以及對自己上司喜好的體會等等，不是你自己認為如何就可以的。往往你自己盡了最大的努力，自以為做出來的品質好得不得了，在別人眼裡卻不一定。

所以，對你的上司而言，他其實另有一個更客觀的標準來評估你的表現。那就是你的守信。對一個上班族而言，這守信就體現在你是否能在公司、上司要求你的時限之下，在你答應要做完那個工作的時間內，把工作完成。

很可能有人要問了：那如果在把工作做好才交出去，和準時把工作交出去但是做得卻不是很好之間要擇一的話呢？

其實這是一個假問題。

第一，因為準時把工作做好，本身就是「做好」的一部分。

第二，會把工作做好和準時交出去當成取捨選項來看的人，對怎麼把工作做好的認識一定還不夠。

我們永遠都不知道怎麼才能把工作做到「最好」。但可以做到「自己能力範圍之內的最好」。只要意識到自己是在全力衝刺，而且按照自己答應的時間去衝刺完成，這就已經是「自己能力範圍之內的最好」。所以不存在「把工作做好」和「準時交出去」的取捨選項。

一個基層的新人，只要能時時做到這一點，就已經可以預期自己有很好的升遷可能了。

如果再能做到第二點，那就更加買了保險。

第二點就是：事先體會你上司的需求。在他說出希望你做到什麼之前，你已經先把他想要的事情做好了。

這絕對和逢迎，或是拍馬屁無關。這是設法對自己的工作多設定一個要求，或者說，多設定一個從他人觀察的角度。因為你多設定了這個要求，因為你多設定了一個觀察的角度，所以你在工作的時候，會多做那麼一個動作，會先做那麼一個動作。因為你多做了，因為你先做了，所以當你的上司也想到他該對你提出這個要求的時候，會發現你已經把他想要的事情做好了。

舉祕書的例子吧。當祕書的人，為自己的上司安排司機接送，在前一天晚上把行程印出來交給司機是一種做法；第二天早上親自打電話再跟司機確認是另一種做法。但如果打電話的時候不只是和司機確認，還回想一下自己老闆今天去開那個會有沒有漏帶什麼東西呢？如果真是想到了忘了什麼樣的文件，馬上趕去公司拿了再送去會場呢？這樣當你的老闆在路上自己也想到這件事情，剛要吩咐你處理，下車就發現你已經等在那裡拿給他呢？

你可以想想看，如果你是老闆，你會怎麼看待這樣的祕書？

這就是事先體會你上司的需求。

這件事情當然絕不是只有祕書需要注意的事情。

相信我，只要能做到這兩件事情，你的升遷和加薪，都是唾手可得。

4 故事

鐵達尼號之外

工作不計名利。工作不計得失。這都是說來容易的事。

更何況：不計，又要如何不計？

《鐵達尼號》（*Titanic*）的導演詹姆斯．卡麥隆（James Cameron），倒是可以給我們做一個很好的旁證。

卡麥隆以善於拍攝大資本的電影著稱。《鐵達尼號》固然是投資二億美元的鉅作，前兩部《魔鬼終結者續集》（*The Terminator 2*），《魔鬼大帝：真實謊言》（*True Lies*）也都是一億美元的手筆。

他很會花別人的鈔票，同時也很會替別人賺鈔票，這是大家都熟知的事。但是，比較不為人知的，可能是他也很會放棄自己的鈔票。

在他還沒有成名的日子裡，為了確保自己能導演他自己寫的劇本《魔鬼終結者》（*The Terminator*），卡麥隆連《魔鬼終結者》帶《魔鬼終結者續集》的權利一起，以一塊美元的代價賣斷給他的製片人。

拍《魔鬼大帝：真實謊言》的時候，由於需要追加三千五百萬美元的拍攝資金，他又放棄了自己對這部電影的所有權。

到了《鐵達尼號》呢？由於投入資金已達天文數字，二十世紀福斯公司要他縮減預算時，他乾脆放棄自己的導演加製片費八百萬美元，也放棄了日後的分紅辦法來交換（以今天的賣座來看，他的分紅至少可以有一千五百萬美元）。因此，儘管《鐵達尼號》很可能要創下影史的賣座紀錄，但，卡麥隆本人拍攝這部電影的所得，只有他的劇本費：一筆不到一百萬美元的數字。

當他還沒成名之前，我們可以為了他放棄擁有《魔鬼終結者》的決心而喝采；在他享得大名之後，我們可以為了他放棄擁有《魔鬼大帝：真實謊言》的氣度而佩服。

但是，《鐵達尼號》呢？

這一定是一部他認為會成功的電影。他也早就有了充分的本錢和條件來堅持自己日後應有的回報。但他卻只為了完成這部電影，放棄了前後二千三百萬美元的個人所得（換算成台幣吧！七億六千萬台幣）。

我們不必為他喝采了。我們只需相信他是一個不計名利、只為工作而工作的人。

名利可以如何不計？

可以如此不計。

三十多年前有一本書，《天地一沙鷗》（*Jonathan Livingston Seagull*）。

《天地一沙鷗》裡，沙鷗有兩種。一種把飛行當作覓食的手段，因此，競逐的範圍主要在自己海岸邊的船舷；爭食的目標，主要是水手施捨的零食。另一種沙鷗卻只把飛行當作飛行，因此等他把飛行的技術練習到最遠也最快時，雖然沒有把覓食放在心上，他卻可以享受到最內陸與最遠洋的山珍海味。

卡麥隆真是那隻特別的沙鷗。

後記：《鐵達尼號》後來賣座太好了，所以電影公司主動送了卡麥隆一億美元的紅包，當作謝禮。

卡麥隆的另一個故事

卡麥隆，當年拍過一部電影《無底洞》（*The Abyss*）。

這是一部主要在海底發展的故事，沒有特別賣座。在他的作品裡，被視為比較黯淡的一部。一直到後來，《魔鬼終結者續集》問世，忽然有人發現了《無底洞》的作用；《無底洞》裡水柱凝成的人形，正是《魔鬼終結者續集》那個T-2000機器人的預演。換句話說，《無底洞》是為《魔鬼終結者續集》一些技術在做暖場。

今天，當然我們會發現，《無底洞》的作用不僅如此。

如果未曾在海裡拍過《無底洞》，卡麥隆今天調動《鐵達尼號》的身手不會這麼靈活。

工作是需要延續的。

工作也需要執著。

其實，《無底洞》還給了卡麥隆一個刺激。

在卡麥隆的心中，《無底洞》講的是一個愛情故事，但是沒有人買帳，大家把它當科幻片看了。後來，他拍了一部《魔鬼大帝：真實謊言》，又認為自己要講的是一個愛情故事（還記得那個情報員和他太太的故事吧？），但是大家又不買帳，把它當動作片看了。

所以，他覺得自己終究得拍一部大家公認的愛情故事。

《鐵達尼號》也就這樣出來了。

以卡麥隆而言，他不需要再向別人證實什麼，但他必須要給自己一個交代。

這種交代，固然表現在態度上，也要表現在細節上。

電影裡的鐵達尼號，是一艘只建了半邊的鐵達尼。由於在碼頭上出航的時候，這半邊船的方向和歷史上的實際狀況不符，所以必須用電腦將方向翻轉過來。

結果，拍這幕戲的時候，為了翻轉方向的一致，連每件行李標籤上的字，他們都故意倒著寫，以便翻轉過來後是正的。

那麼大一個畫面裡面，行李標籤上的字是什麼方向，根本是鏡頭裡看不出來的。但卡麥隆就是要這麼拍。

我們看《鐵達尼號》的時候，為其中特效的逼真而驚嘆。但如果只顧得討論電腦和科技如何製造出特效，而忽略追求特效的根本精神，那可真是見樹而不見林。

連續兩次談卡麥隆，是因為想到很多人都有自己的理想要實現，很多人也都說自己不計名利，但是往往理想實現的條件還沒有一撇時，就先急著保護自己綠豆大的利益，即使自己的「理想」因而束之高閣也在所不惜；往往事情的進展才不過邁出了小小的一步，就以為功成名就，先忙著享受果實，即使自己的「理想」因而七折八扣終至化為泡影，也樂在其中。

我們可以比照卡麥隆的情況，想想自己是不是真正有那麼大的理想，是不是真的有那麼大的決心，是不是真有自己的執著，是不是按部就班地延續擴展自己的事業，又是不是真的那麼一絲不苟地執行。

宇宙旅行與烘焙機

物理學大師史蒂芬・霍金（Stephen W. Hawking），曾經接受白宮的邀請，就人類面對二十一世紀的課題發表了一篇演講。

演講裡提到一點非常有趣。他說：當我們在談論各種科技的發展，各種社會的變化時，很少人提到我們人類的生命基因，DNA也會發生變化。他舉個例子，說是等到科技到達可以讓我們進行太空旅行的時候，我們的身心組合必須要進入一個更複雜的層次。否則即使科技可以讓我們穿越時空，我們能承受得住那種刺激和考驗嗎？

我想起一位台灣記者談大陸隴海鐵路的報導。他說：上了火車之後，就有廣播說是車上有特別人員維護大家的安全。起初他以為指的是公安人員在打擊車匪路霸。但是後來卻發現不然。原來是火車進入陝甘地區後，有連續幾十個小時，車窗外的沙漠景象毫無任何變化。在密閉的車廂內，有人受不了這種壓力，就會發狂，不是撞玻璃就是跳車。因此，車上必須有安全人員負責預防。

在南北火車時程不過五個小時的台灣，很難想像這是怎麼回事。

因此，我非常相信霍金所說，等到我們可以太空旅行的時候，我們的生命基因必須發生變化的預言。宇宙裡一成不變的孤寂，又哪是沙漠可以比擬的？

我們回過頭來看看工作的世界。

在傳真機加電子信件加網站加行動電話所主催的變化下，今天的工作世界，已經發生很大的變化。但是和未來比起來，今天的這些變化可能僅止於一些發端的發端。我們很難想像未來的世界到底是怎麼回事。

行業的變化、企業的變化、通路的變化、工作概念的變化、工作方法的變化，所有的變化都在集中變化。

未來工作世界的細節雖然難以想像，但基本精神只有一個：商業競爭的國界必將消失，所有的競爭必將全球化。

Homepage（烘焙機）的設計，是個最現實的例子。

在烘焙機的競賽上，沒有任何人可以因為語言、文化、技術，甚至產品不同的理由，而保持有所謂局部性優勢或地區性優勢的機會。這種競賽的參與者是全球的，評判者也是全球的，勝負也都是全球的。

而烘焙機，只是一個小小的代表。

我們在面臨一個類似宇宙旅行即將成真的工作世界，但我們是否已經做好改變工作基因的準備？

有沒有想過在已有的語言能力之下，再多增加一種外國語的能力？除了上上網路之外，能不能對電腦再增加一種專業水準的認識？在自己所學所長的知識之外，再多涉獵一種完全陌生的學問？在長期喜歡的閱讀選擇之外，再多增加一種以前絕不會接觸的書籍？在工作行業的知識光譜之中，除了自己嫻熟的一端之外，能不能試著往光譜的另一端去探索？在習慣又自在的交友圈子之外，每個月能不能再試著交一個徹底不同行業的朋友？

我們的基因，就會因此而點點滴滴地開始產生變化。

如何開始改變工作基因

病人最可怕的地方，在於不認為自己有病。認知有病，重病也總有治方以待。反之，小病也沒有治療的機會。

在工作基因改變的過程裡，也是如此。如果認知到自己的工作基因有需要改變，再漫長的改變路程，總有開始的可能。反之，不論把多少概念、方法、工具端到眼前，仍舊是白搭。

那麼，怎樣才能認知到自己的工作基因有需要改變？

選擇一個目標，不管是工作上的目標，還是人物的目標，然後比較一下自己要達到這個目標的距離。這個距離的本身，就可以喚起你需要改變的認知。

而這個目標，可以不斷地重新設定，重新前移。甚至，在理論上，是可以無限擴展的。

有人認為這是所謂的「眼界」，和一個人的天賦有關，不能強求得來。但我不認為如此。我認為可以透過訓練與磨練而達到。只要你覺察到有這種訓練與磨練的需要。

頂多，其中有時會牽涉到一點機緣。

一九八〇年代初，我在一個雜誌社當主編。工作上，我相當努力，當老闆交代一些不可能的任務時，一方面努力以赴，一方面也會抱怨公司環境與支援條件的不足，和同事發發牢騷，喝喝小酒，唱唱當時剛興起的卡拉ＯＫ。家庭上，我已經結婚，有個小孩，努力儲蓄購屋，偶爾帶點對婚姻外的遐想。生活，也就是那樣了。

後來，有一天，一個日本出版社的高級主管來訪問。於是就請教他日本的出版業為什麼比台灣的出版業發達。他說：因為日本人比較愛讀書吧。為什麼日本人比較愛讀書呢？因為日本人比較有危機感吧。為什麼日本人比較有危機感呢？因為日本沒什麼天然資源。

我說：「可是我們台灣也沒什麼天然資源啊。」他笑了起來：「嘿，你們的稻米一年可以收成三次呢。」

我從沒想到稻米一年收成三次，也可以是日本這樣的國家所羨慕的事，當作比較的事。

會不會，我們再微小的公司和個人，再惡劣的環境和條件，也有些別人所沒有的特殊之處？值得欣賞之處？

強者既然可以有欣賞弱者的氣度，弱者當然不可以沒有超越強者的企圖。

那天晚上回到家，進了門，我倒在門口的地板上，望了天花板一兩個小時，一動不動。

從第二天開始，一直到今天，不論我做哪件工作，我都沒有提出過任何抱怨，我也不會因為公司環境和條件的不足而對自己的工作設過任何限制，頂多只是設定目標的先後。

回顧起來，我會說：多年前的那個夜晚，讓我覺察到自己工作基因有需要改變，而這麼多年來，不過是一個不斷改變這種基因的過程。

輪椅的3種用法

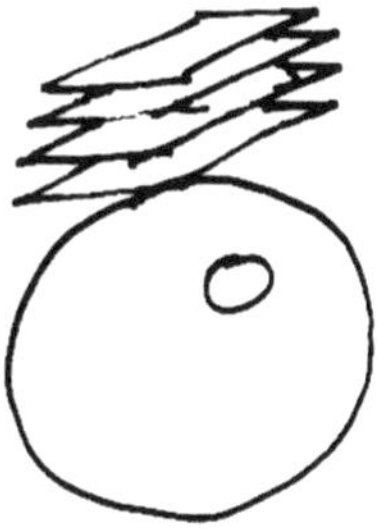

A. 書展裡載書

B. 日常生活裡載重

C. 翻倒的時候當飛碟

梁啟超的一句話

在基層磨練的時候，有很多考驗。

有些考驗，來自工作的本身。我們進入一個陌生的環境，接受一個陌生的工作時，不免會產生懷疑，會產生排斥：「這就是我所尋找的工作嗎？」

也許是，也許不是；但是機緣讓你接受了這個工作，應該有其道理。所以，試試看，從你認為自己極不順手，極不適應的高峰為起點，往後再多堅持六個月。不是挨日子的六個月，而是全力以赴的六個月。六個月的時間，可以澄清一些疑惑，釐清一些方向；或者，讓你從這個再也不會回頭的行業或公司裡，獲取一些再也沒機會接觸的經驗與知識。

有些考驗，來自人。尤其在你漸漸適應這個環境和工作，能力逐漸增強，上司逐漸賞識，自認為可以更上層樓的時候。

你開始觀望上下左右的人。或許，你會發現一個工作能力遠不如你的人，竟然得到搶先的昇遷機會；或許，你會認為自己的能力太強了，反而總是遭到加重的剝削；或許，你會覺察到自己的表現太突出了，不是被上司居功，就是被上司嫉妒；或許，你會體會到不是自己能力不及，而是這個部門的主管太過弱勢，帶動不起整體工作表現；或許……

這些，都是我們在基層摸索的時候，最容易碰到的試煉。

試煉的目的，只有一個：看我們是否真正關心我們的工作，喜愛我們的工作，能不能和我們的工作一起成長。

種種發現、認為、覺察、體會，都是幻象。和我們的工作無關。我很喜歡梁啟超的一句話，也曾經當作自己的座右銘來看過：「以今日之我勝昨日之我，以明日之我勝今日之我。」

這句話，當然對各個階層的人都受用。不過，對一個尚在基層磨練的人，應該尤其有意義。

不論我們的環境、上司、同仁如何，不論今天出門面對的是晴朗的豔陽還是陰沉的風雨，這句話總可以迴盪在我們的心底。

5 回憶

愛情與第一個工作

工作可以拿來和愛情做比喻，工作也真可以和愛情而結合。

前法蘭克福書展主席衛浩世（Peter Weidhaas，一般都譯為懷哈斯，不過我送了他一個中文名字：衛浩世），就是為了愛情而開始他的工作。

二次世界大戰之後，正值他年少輕狂的歲月。他一方面激烈地抗拒國家與家庭帶給他的一切烙印，一方面瘋狂地愛上一個丹麥的少女。為了追求這個對象，他一路跟隨這個少女到了丹麥；為了定居在丹麥，他則進了一個行業，到印刷廠去當學徒。

他的愛情畢竟沒有成功。但是他卻由印刷廠的學徒而進入出版業，由出版業而進入了法蘭克福書展公司，由派駐南美而再回到德國，終於接納了自己的祖國。

他自己，則成為這個全世界最大書展的主席，躋身全世界出版業界最有權力的人物之一。

愛情帶領他進入了一個行業。這個行業則帶領他進行了一場心靈的救贖，與自我的實現。

讀衛浩世的回憶錄《憤怒書塵》，不由得回想起我自己的第一個工作。

一九七八年大學畢業後，正在為尋找第一個工作而傷腦筋時，卻發現自己深愛的一個女孩子也在為同樣的問題頭痛。當時她已經有了婚嫁的對象，但男朋友卻因為是僑生而先回了僑居地。她在為不確定的婚期煩惱，而需要有一個暫時的工作。

我和她是青梅竹馬，本來就有份親人的感情。於是解決她的難題就成了刺激我乾脆尋求創業的原動力，東拼西湊地找了點錢和關係，和另兩個朋友鼓起勇氣開了一間貿易公司，做雜貨出口。公司的中文名字叫「蓋亞」（生意總要做到氣蓋亞洲吧），英文名字則在字典上查了一個接近的發音。我第一個工作就做了這家公司的總經理。公司的唯一職員，就聘用了那個女孩子（聘她的背景當然都和股東理直氣壯地說明過）。

後來她終於出國，結婚了。我們的公司也在那前後倒掉了。但那段住在西門町，每天趕去士林二樓一個小辦公室的日子，還可以和她聊聊天的日子，想起來就想起那年夏天的陽光。

公司倒掉之後，三個股東討論了好久為什麼那麼努力地發介紹信，卻總是得不到回音。幾年後，等自己的英文程度好一些之後，多少找到了一點線索：「蓋亞」公司的英文名字，我們取了一個「Gay & Company」。

為了還那段時間欠的債，我流浪了將近一年的時間。後來，因緣際會，總算找到了一個比較務實的途徑：做一家出版社的特約翻譯。

於是，我進入了出版業。

能夠為了愛情而開始第一個工作，並且因為這個工作的善後而進入一個自己從排斥到深愛的行業，想起來，很溫暖。

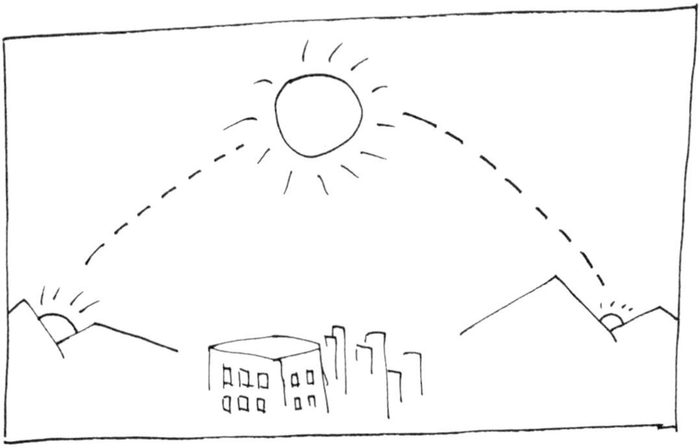

後來，有好長一段落魄日子，我每天守在一扇窗子前面，看太陽從東邊升起，從西邊落下。從西邊落下，從東邊升起……

一個排斥了三十年的工作

雖然進了出版業，但我摸索自己的行業和工作，繞了好大一段路。

從小，因為行動不方便，師長給我將來的建議時，總是談一些靜態的行業。也因為寫文章好像還可以，所以很早就有人要我往寫作或出版業發展。

這些話可真聽不進去。

如同另外一些去學刻印章和修手錶的建議。我都認為太消極也太悲觀了。誰說是因為行動不便，就一定要做些靜態的工作？

也因此，老早老早，寫作和出版，就從我的人生規劃中一筆勾消。人生，畢竟很幽默地回望我們。

大學畢業，折騰了一陣之後，在不得不然，勉為其難的狀況下，我藉由翻譯，進入了出版業。感慨很多。不過，感慨歸感慨，還是在這個排斥多年的行業中努力地工作。隨著時間過去，在這個行業裡也有了一步步發展。

努力歸努力，發展歸發展，我心裡有數：這只是一個陰錯陽差踏進來的行業。

我之所以努力，只是敬業而已。這絕不是終生為之癡狂的燃燒。

以編輯來說好了。編輯是我很喜愛的工作，但是，與其說我喜愛做編輯工作，不如說我更喜歡編輯工作所要具備的精神。編輯不外兩種精神：一種是化妝師，美化、補強一些東西；一種是雕刻師，簡化、抽離一些東西。我認為：能掌握這兩種精神，照樣可以運用到出版以外的行業和工作上。

所以，在別人看來，我在出版上好像是個工作狂，但是，在內心，我知道自己不時在東張西望，想像或期待些生涯上的突變。

如此這般，到一九九五年年底，我在出版業也忙過了十六個年頭。

那年十二月，很冷。一天早上，我被凍醒。圍著被子，隨手抽了本書讀起來。是《韓非子集釋》。除了教科書之外，那是我第一次讀韓非子的東西。

當時已是個管理者的我，一面讀著其中有些文言文還似懂非懂的段落，一面了解什麼叫做擊節讚嘆。韓非子已經把管理講絕了。絕，絕妙，絕頂。

可是，那天早上我最大的收穫，並不在體會韓非子於萬一。

我發現了出版的可貴。

如果沒有出版，這麼珍貴的文化結晶，怎麼可能流傳？如果不是書籍，韓非子的思想，怎麼穿過時空，和二千三百年後某個冬天早上台北市八德路一棟十樓裡一個被凍醒的人產生交流呢？

我想：出版，真是一個偉大的行業。因為出版，我們前後代的智慧才得以傳承，同代之間的智慧才得以互通。人類，也才得以真正進化，與其他動物日益有所不同。

我不可自已地為出版的魅力與風華而目眩神迷。

當然，我也發現：原來，我就在這樣一個難以言說的行業裡工作了十六年，還一路東張西望，原來，從小開始，我排斥了將近三十年的行業，竟是這樣不斷微笑對我。

從那一天之後，我再沒有一刻動搖過與這個工作相守的心念。

第一張辦公桌

有一張桌子很難忘記。

灰灰的鐵桌面。鋪著一張深綠色帶著灰格紋的桌墊。桌墊上有不少美工刀痕。

桌子頂著一個牆角放。所以坐下去抬頭看，真的是面壁。

牆壁上貼得倒是花花綠綠，很熱鬧。都是那家出版社打樣回來的封面剪貼。

因為在門口，不時有人走過背後。門外一些聊天的人，正在談「美麗島」事件的後續發展。有人比較激昂，有人低沉的聲音，可以聽得很清楚。

那是一九七〇年代末。我大學畢業第二年。

我讀的是當時很熱門的台大國際貿易。出了校門因為拄拐杖找工作卻一再碰壁，乾脆自己和兩三個朋友一起搞起外銷，又三兩下倒閉。之後為了生活也為了還債，去韓國跑一趟單幫。單幫跑失敗，債上加債，走投無路，就放棄韓國的居留權，回到台北。有點像饒舌歌的快速過程，集中在半年多的時間裡發生。

我過了一段每天數太陽起落的日子，在一位名叫鄭麗淑的二房東的鼓勵下，開始去長橋出版社接一些翻譯工作。三餐算是有了著落。

一本書譯完，去出版社接下一本書。帶著有點興奮與緊張的心情，也有些不知有沒有下一本的忐忑。

去出版社編輯部交稿的時候，等編輯核對，就會先坐在門口牆角的一張桌子前面等。那張放著一塊綠桌墊的灰色鐵桌子。

我在那張桌子前面等編輯交給我下一本翻譯的書，等她討論翻譯上的問題，也等結算稿費。然後，過了一陣子，我鼓起勇氣，問我可不可以借那張一直空著的桌子用——我不想一個人在家裡做翻譯，想到他們公司借那張桌子來工作。我跟他們說：桌子有人要用的時候，我再回家裡翻譯。

長橋的二老闆劉君業，很慷慨地答應了。我第一次進一家公司，在一張辦公桌前工作。我一直是個很容易不懂事的人，但那時我卻做了件很懂事的事：雖然只是借用，我卻當成是正式上班地朝九晚五出勤。一方面是覺得應該尊重人家的辦公室氣氛，一方面也想要鞭策自己更積極地多翻譯一些，多賺些稿費。

然後，又過了一陣子，一位編輯離職了，劉君業先生也要出國了，他就跟長橋的大老闆鄧維楨說，要不要就叫郝明義來補這個缺呢？

鄧先生考慮了一下，慷慨地答應了。於是，我不再是一個特約翻譯，而有了生平第一個正式工作，成為一個編輯。那張灰灰的桌子，不再是借用，而成了我的辦公桌了。還是在門口牆角的那張灰桌子，但我看著貼在面前牆上的封面打樣，覺得人生如此繽紛。

你很有可能看過那種桌子。灰色的，鐵做的，抽屜拉久了就會關不太牢。在台灣很多辦公室都使用的。

但我那一張卻帶給我那麼美好的記憶。帶給我那麼美好的運氣。三十三年之後，想到那張桌子都可以回憶起在桌前工作的感覺。

每個人都有自己工作生涯裡的第一張辦公桌。如果你早已遠離了第一張辦公桌的階段，試著在心裡勾畫一下那張辦公桌吧。很溫暖的。

如果你正在使用你的第一張辦公桌，好好看看它，好好記得它的樣子，好好對待它吧。你會發現，這將不只是你第一張辦公桌，這還是一張神奇的辦公桌。

你接下來工作生涯的所有開展、波瀾、景緻，都將起自於這張桌子。

別忘了它。

馬莊穆教我的英文

走出學校，走入社會的年輕人，實在應該體會到自己的幸福。

一是過去你要掏自己的腰包，付錢給別人才能學習，現在卻成了別人掏腰包，付錢給你來上班，從工作中學習。

二是工作中所學習到的，是真正實戰中的智慧，不再是紙上談兵。你有機會進行一場徹底重新的學習，然後從學習中得到新生。

我很幸運，有過這樣的機會。尤其在我的英文學習上。

我的第一個工作源自長橋出版社的老闆鄧維楨，當年想辦一個中英對照，學習英文的雜誌。

我奉命做準備。

在準備過程中，我有一大收穫是去圖書館連續讀了十年份的《時代》（*Time*）雜誌，每星期看幾十種雜誌。我後來對雜誌編輯的許多基本訓練和認知，都是這樣打下的基礎（詳情請參閱本書〈三十歲以前不要計較的事情〉頁）

另一大收穫，是認識了馬莊穆教授。

鄧先生說要找一位英文不是一般好的外國人當顧問，因而要我去找馬教授。

那時馬莊穆（John Mclean）教授在師大任教。公司出錢，讓我用類似於個人教授上課的方式，去找馬教授請教問題。

鄧先生很慷慨，從不問我去請教馬教授什麼內容，要花多少錢等等。我也就樂得有這個機會，把所有自己不明白的英文，都找出來請教馬教授。

每個星期，我都飢渴地去找馬教授，把我從翻譯中發現的問題請教他。越請教，學得越多，問題也就越多。

我學到一些英文單字的基本意思。譬如Acquaintance不是當時大部分英漢字典都翻譯成「熟悉的人」這種意思，而應該是點頭之交的意思。

我學到一些英文文化背景。因為中文裡常把Protestant說成「基督徒」，而Catholics說成「天主教徒」，所以之前我都把Christians和Protestants畫上了等號。從馬教授那裡我才學到，原來Christians是包含Protestants 和Catholics的。

我開始真正學會使用英文字典，尤其是英英字典。

有些實戰的翻譯課，上得真是永難忘懷。

記得那是一篇來自《國家地理雜誌》（*National Geographic Magazine*）的文章，內容說的是在義大利尋訪古羅馬的雅庇安大道（Appian Way）。

那一篇文章的翻譯，我找出了許多疑問去找馬教授一一澄清。越澄清，我的好奇倒也越多起來。因為總是想：

「啊，竟然這個句子裡有著這樣的意思我都沒看出來！那會不會這個我以為沒有問題的地方也隱藏著什麼我沒有想到的問題呢？」

我就這樣一個問題一個問題地找出來，越找越細。很多問題開始沒有覺得是問題，想跳過的，後來都一個個挑出來。

永難忘記的有兩個地方。

一個地方是說，今天的義大利人，經常把鋪在雅庇安大道上的大理石挖下來，拿到"Block" market去賣。翻譯的人譯作「拿到大理石市場」去賣。光看中文，把大理石挖下來拿到大理石市場去賣，很順，沒什麼問題。

但是到最後，我還是拿這個地方去請教馬教授了。

主要因為英文是用"Block" market來表達。如果"Block"指的是大理石，為什麼要用引號引起來？覺得蹊蹺。跟馬教授學習了一陣子之後，總是在起初不覺得有問題的地方發現問題。而我們要辦的是一本中英文對照的雜誌，我不想在翻譯上鬧笑話，所以後來就挑出來問他了。

「你知道什麼是 put something on the block 的意思嗎？」馬教授看了我一眼，問我。

我說不知道。

「是Auction的意思。」他說。

啊，所以，那句話真正的意思是：今天的義大利人，經常把鋪在雅庇安大道上的大理石挖下來，拿到拍賣市場去喊價。

另一個地方，是講採訪隊伍來到一個地方，找到了一家人去敲門。結果門開了，A man with a ten-o'clock shadow stood there.

翻譯的人寫的意思大致是這樣的：「一個人站在那裡，十點鐘的太陽把他的影子拉得長長的。」

我看不出一定錯在哪裡，但是從上下文來看，怎麼算，他們到那裡的時候都不該是早上十點鐘。

於是我去問馬教授。

他又問我：「你知道什麼是five-o'clock shadow嗎？」

我說不知道。

於是他告訴我，有一種刮鬍刀曾經做過一個很有名的廣告。說是朝九晚五的上班族，都要把自己的鬍子刮得乾乾淨淨的。其他牌子的刮鬍刀，早上九點上班前刮了，到傍晚五點下班的時候，已經長出一些鬍子碴碴，顯出一種five-o'clock shadow，但是他們的刀片卻不會，臉上還是乾乾淨淨。

所以，ten-o'clock shadow就是比five-o'clock shadow的鬍子還要長許多的意思。

A man with a ten-o'clock shadow stood there.最好譯為：「一個長了不少鬍子碴碴的人站在那裡。」

時間過去了三十年。這兩個地方的例句，以及馬教授跟我解釋的神情，都如在眼前。我今天一點粗淺應用的英文，莫不是受益於那段時間所立的一點基礎。

今天的學校教育，太多沒法和現實接軌，沒法和出了校門之後的社會需求接軌。一個剛出社會的年輕人，應該盡自己最大的努力，來讓自己從工作中重新學習，從工作中獲得重新改造自己所知、所學的機會。

如果你被指派了一個艱巨的任務，尤其這個任務涉及你根本就欠缺或不足的知識，你應該知道那是你最幸運的機會。

大鵬鳥陸鏗

我認識的人裡，哪個人最能代表鳥的工作基因？

我想到了陸鏗。

陸鏗去世時是八十九歲，早已不是新出社會的年輕人；他波瀾萬丈的一生，也絕沒有侷限在哪家企業的基層。但是他終其一生都貫徹如一的熱情與勤奮，最能突顯鳥的特質。同時，他歷經艱辛的人生歷程所代表的駱駝基因，以及任何時刻都意氣風發的鯨魚基因，使得他成為翱翔天際的大鵬鳥。

一九九六年，我離開時報出版公司，自行創業。不久，有朋友轉告，說陸鏗先生在誇讚我，講我離開時報很可惜等等。之後，又有兩三位朋友這麼說。

我有些納悶。

陸鏗不只是一位資深的大記者，還是在中國新聞史上留名的人物。他是中國最早的廣播記者，二戰期間擔任過駐歐戰地記者，戰後因報導孔宋家族的貪污案而犯顏直諫蔣中正，國民政府撤退大陸時卻自投羅網被中共所俘，前後坐過國共兩黨共二十二年的牢。文革後的一九七八年獲釋到香港，和胡菊人共同創辦《百姓》雜誌，又因採訪胡耀邦的訪問而造成胡的倒台。

陸鏗最為人稱道的，就是他從未因為生命中的這些波折起伏而失意過。文革期間，他在牢裡能抱著馬桶跳華爾滋自得其樂，出牢之後能「氣宇軒昂，精神充沛，衣著時新」，不讓牢獄歲月在自己身上留下任何痕跡，真是把「希望」與「熱情」具象化的代表人物。他又因為聲音洪亮，有「大聲」之號。而不論他遇上多麼年輕的後輩，一律要求以「陸大哥」相稱。（但我始終未從。）

對於這麼一位人物，我搜尋記憶，記得在時報任內的時候，確實和他見過一面。有天他在一位朋友的陪伴下來辦公室小聊過一次。也就如此而已，連餐敘都未曾有過。

鏗老對這個只見了一面的後生晚輩，卻如何留下什麼印象，要四處誇讚他呢？我很好奇。

和鏗老第二次見面，是在一個書畫展上不期而遇。我看到他，過去為他的諸多鼓勵而道謝。鏗老也沒特別說什麼，只記得他握我的手很緊。

第三次見面，是去參加他的八十壽宴。那天各方高朋雲集，甚至有許多貴賓從海外專程趕來。鏗老神采奕奕地裡外招呼，看到我熱情地歡迎之外，一定要親自帶我去余紀忠先生那一桌（同桌還有林行止伉儷）打招呼，大聲地跟余先生說：「紀忠老大哥，我帶明義來看你了！」

當晚慶壽節目熱鬧，賓主盡歡，只是我另外有約，要提早離開。我去跟鏗老道別，沒想到他堅持離席送我，還要親自推輪椅到樓下。推辭不得。

那天晚上之後，我不再好奇鏗老為什麼要待我如此熱情，也從沒再問過他這個問題。反正他要如此交朋友，我就如此交他這個朋友即是，多言不必。

說這段經過，也是想印證唐德剛先生所謂，鏗老能和初相識的人，就有二十年交情的神奇魔力。只是我自己魯鈍不堪，要到第三次見面，才後知後覺地有所體會。

所以說，這個印證只有一半。

鏗老自謂「新聞第一，女人第二」。

我和鏗老交往，是在他人生最後的十年之中，無緣見識他盛年時期快人豪語的意氣風發。但也因為目睹這十年他逐漸衰老的過程，所以對他自況的另一句「無負平生」，更深有感受。

「新聞第一，女人第二，無負平生」，這十二個字濃縮起來，其實就是一個字：「真」。

「真」是一個我自己也心嚮往之的境界，但是反省起來，這麼多年努力而為，充其量只能在直率與魯莽之間擺盪，就知道鏗老的「真」有多麼難能可貴。

二〇〇〇年左右，鏗老興沖沖地來找我，說他和馬西屏合寫一本《別鬧了，登輝先生》，應該可以暢銷，想交我出版。

我相信這本書可以賣得很好，但因為一向不出版和當前台灣政治人物及議題相關的書，所以看他那麼興奮與好心，一時不知應該如何婉卻才得體。沒想到才一開口，鏗老馬上說他明白了。不但明白，他表達的方式又可以讓彼此舒坦，不留尷尬，其中除了人情通達之外，根本還在於他的真誠。

再過兩年，我聽鏗老多次提起在他九十歲之前，想回大陸辦一份報紙的念頭，就問他要不要試試在網路上辦個報。這好像比較容易著手。

鏗老說好。

我問他那報紙要起個什麼名。鏗老說：「就叫《希望報》！」

這樣，我幫他登記了一個網站，也和他討論可以如何進行。後來，這個計劃雖然沒能啟動，但他談起如何動員海內外各種資源，編出一份全球華人的「希望之報」的熱情，則不能忘記。

到了二〇〇四年，儘管鏗老已經八十四高齡，狀態比前幾年又差了一些，但他又提起想寫一本有關記者之書。於是他努力準備材料，每天早上九點鐘準時來我們辦公室來整理、寫作，寫好之後再一起討論、修潤。這樣，我們後來出版了《大記者三章》。「記者只有一種，要當記者，也只能當一種記者——大記者。」鏗老破題，也是總結的這句話，事實上也只有他能說得出來。

司馬文武為《陸鏗回憶與懺悔錄》寫的序中說：「不論大陸或台灣，都看不到專業記者的典型，記者缺乏職業尊嚴，找不到真正以新聞工作為終身職志的資深記者。尤其是對兩岸的政治，都能保持密切的關心，而且思想仍能趕上時代，頭腦仍然清楚的，看來看去，只有陸鏗。」我很榮幸在鏗老人生的最後階段，有機會見識到一個在自己體力、精神都在日走下坡的限制下，仍然奮力不懈，始終如一的「大記者」。

二〇〇五年四月，鏗老伉儷從舊金山來台北。抵達不久，他摔了一跤，住進醫院。

那一跤摔得不輕。除了撞到頭之外，醫院說有病毒侵入腦膜，所以在醫院裡住了好長一段時間。我去看他的時候，他在床上大叫一聲，熱情歡迎。陸夫人崔蓉芝私下跟我說，最近他已經不太認得人了，看到我還能認出來很難得。

那天鏗老精神很好，和我談了很久。還一起拍了好幾張照片。因為接下來兩個星期，我要去大陸出差，所以臨別的時候，鏗老堅持要親自送別，一路送到電梯口。我一方面為他那天精神之好而感到高興，但另一方面心底也有些不安，隱約總有一點不祥之感。因而特別又把他送出來的經過，用手機錄影下來。

我去大陸出差後，打了幾次電話回來問陸夫人情況。她說都很好，要我放心。但是等回到台北再去看鏗老，這次他認不得我了。鏗老正式成為「阿茲海默症」患者。從表面意識的有無而言，上次他堅持送我到醫院電梯口的那段路，的確是和我的一次「訣別」了。

後來幾年，鏗老伉儷回來的時候，我還是會帶家人去和他一聚。一方面總想多見他一面，另一方面看他只能慣性地維持表面上的禮貌，大感不忍這樣，當六月二十二日我在北京接到陸夫人的消息，說鏗老於美國時間六月二十一日下午七點零五分過世的消息，雖然是個衝擊，但立即的反應，卻是覺得這樣也好，對鏗老是一種解脫。這個連素昧平生的人相見，都可以馬上有二十年交情的人，被侷限到一個有二十年交情都成了素昧平生的肉體禁錮中，潛意識裡，他想必覺得狼狽不堪。現在他終於可以告別這個禁錮，應該是一種輕鬆。

我這種感受持續沒多久。二十四日回到台北，得知二十六日鏗老要在美國舉行告別式並火化的時候，傷感之情又湧了上來。再怎麼說，現在才是他的肉體要離開這個世界的時候，今後才是永別。我想再見他最後一面，於是帶了他的兩本書，搭上二十五日飛舊金山的班機。

在途中，看著鏗老的書，我知道自己也至少有一件事情要對鏗老懺悔。

從一九八九年起，我原來每年都至少來美國一趟，參加書展，或是談版權之類的。二〇〇一年之後，因為對布希總統的中東政策不以為然，我給自己設了一個小小的立場，就是在布希任內，我不去美國。

飛機橫越太平洋的上空，我在聚光燈下讀鏗老的書，他的豪情快語躍然紙上。那個每次見面，總要誇張地雙手自上而下，猛地一撲似地握住你雙手的人，就在眼前。我不由得想到，怎麼沒趁他還健在的時候，突然造訪舊金山，給他一個大大的驚喜呢？他如果看到我不約而至，忽然出現在他面前，不知道要發出多麼聲震屋瓦的大叫！過去這些念頭不是沒曾有過，但總是因為布希而堅持的那個「立場」而打消。真是哪門子的什麼「立場」。

和能夠帶給朋友的驚喜與快樂相比，那點「立場」有什麼價值！朋友在的時候，不設法與他歡聚，到了他走了，才想到要匆匆趕去給他行禮送終，多大的遺憾！

在夾雜著懊惱和淒然的心情中，我到了舊金山。

當晚陸夫人崔蓉芝來看我，並送來兩封她整理遺物時找出來，我和鏗老之間的來往通信，當作紀念。她特別提醒我，他六年前寫的這封信裡，就很準確地說自己到九十歲一定要封筆，而今果然一語成讖。

鏗老那封信，曾經傳真給我過。當晚回房後，重讀一遍原件，然後在十二點左右感到倦意襲來。這個時間入睡，正好可以養足精神參加明早的告別式。

出外旅行，我一向沒有時差或認床等問題。但那天晚上睡到半夜，卻就是醒了。聽到房間裡，出現一些嗶嗶剝剝的聲響。開始不以為意，等聲音出現得越來越密，不覺毛然。開燈，才兩點半鐘。那就乾脆繼續看鏗老的書吧。反正我也要為告別式上的致詞再回味一些事情。

我讀了沒一會兒，突然想到，這些聲音會不會是鏗老在表達歡迎之意啊。他那麼熱情的人，知道我來看他，弄出些動靜來表示表示，也不是沒道理啊。這麼一想之後，我的書就一路讀得很順，而屋裡的動靜，也就不怎麼出現了。替而代之的，則是我自己讀到一些段落的哈哈大笑之聲——尤其是看到蕭乾和胡菊人兩位為他的風流帳而給他評語的段落。

我一宿未睡。兩本書也都終於再次翻閱過一遍。

永生是什麼？你能讓別人想得起你，願意想起你，想起你的時候總會覺得溫暖、快樂，就是永生了。

這麼說，鏗老是永生的。大家都說天國是一個喜樂但是寧靜的地方。鏗老，則想必會使天國成為一個喜樂，但是也很熱情的地方。

就一名終生以大記者自許的工作者來說，陸鏗是永恒的大鵬鳥。

6 知識

創意的解析

一九八七年的一個夏日午後，我和朋友從圓山附近一處西餐廳出來，臨時扯到一點話題，就在路邊多聊了幾句才上計程車。

陽光很亮，亮得人心情很愉快。

我說：「麻煩你到松山機場。」

那時我在中國生產力中心工作。中國生產力中心坐落在松山機場旁邊，外貿協會第二館的二樓，和計程車司機說起來，總是要多費口舌。所以通常我就省點力氣，只說是松山機場，等快要到了再告訴他如此這般。

這位司機先生卻沒什麼停頓地回了我一句：「噢，那你是要去外貿協會二館嘍。」

我驚奇地坐直了身體。

一般而言，司機聽到我要去松山機場，如果要接腔，通常都會反問是要去哪一家航空公司。華航？復興？

從沒有人會聯想到外貿協會，或二館。

我問他為什麼會認為我是要去外貿協會二館。

他回答：「因為我看你沒帶什麼行李，並且又和朋友聊天聊了好一陣，一點都不像是要搭飛機的樣子。」

我問他怎麼知道我聊天聊了好一陣子。

他說：剛才在接我上車之前，他其實已經在我身邊過去了一次。因為看我在和朋友聊天，並且不像馬上要停止的樣子，又看到前面有個公車站牌旁邊站了些人，所以就先開過去看看能不能攬到客人。結果沒有，於是他又繞了回來，我上車了。

我這才想起先前的確有輛計程車速度很慢地滑過我們身邊。

「你既然不是去搭飛機，去松山機場，手裡還拿一本英文雜誌，當然應該是去外貿協會嘍。」他在後照鏡裡望著我笑，接著又說道，「其實，這也沒什麼啦。有一次，我在福華飯店門口接到一位女士，她上車還沒告訴我要去哪裡，我就說中她是要去圓山飯店。」

我看不到他的相貌，也不覺得眼神有太特別的地方。但顯然地，我碰上一個高手。

遇到高手，當然要好好請教。

當時一名計程車司機的一個月收入，大約是三萬元左右。而他，一個月最少可以賺上六萬元。

他的方法很簡單，他住基隆，因此，每天早上他就先從基隆來台北的民生東路附近，那邊的高級住宅多，要搭計程車上班的人也多。十點左右，他專跑各大飯店門口，外國客戶來台灣，那個時候多半吃完早餐約會，要出門了。將近中午，他專門注意辦公大樓，因為或是早上出來辦公的人要回公司，或是要出去吃午餐了。午飯後，他特別在一些快餐型的餐廳附近轉，中午，大家不會吃太多。

兩三點左右，當然是銀行附近，跑三點半的人多。過了三點半，他喜歡跑郊區，因為接下來快要到下班時間，市區要塞車了。正式進入下班時間，他就休息，去吃晚飯，因為到處都塞車，不如不跑。吃完晚飯，他就去一些中餐廳，或是一些休閒娛樂場所門口看看。這樣，他在九點、十點左右，也就完工，打道回府了。

計程車，是都市人的交通工具。而他，算是把台北人的生活時間和空間給摸透了。他能輕鬆賺到比同業高一倍的收入，十分合理。

我下車的時候，好像沒多給他多少錢。即使多給，也不是小費，而應該是學費吧。

任何行業、任何工作的人，都會追求創意。一種屬於他那個行業，那個工作，某種特立獨行於任何人之外的創意。

多年以來，談到創意，我總忘不了這個司機的故事。

事實上，經由他的故事的啟發，我還嘗試著把創意的成分做了分析。

我的看法是這樣的：創意，應該是百分之七十的努力與經驗，百分之二十特立獨行的認知與勇氣，以及最後百分之十的靈光一閃。

大部分人談到創意，談的總是那百分之十的靈光一閃。然而，這是很危險的。事實上，沒有長期浸淫在一個工作裡百分之七十的努力與經驗，就不會產生對這個工作大多數通則與常規的掌握。如果不是掌握了大多數通則與常規，就不會產生百分之二十特立獨行的認知與勇氣。如果沒有驅使自己另類思考與行動的勇氣，就不會逼出最後那百分之十的靈光一閃。

有前面的百分之九十，不見得一定會逼出最後的百分之十，但是沒有前面的百分之九十，一定不會出現最後的百分之十。

如果沒有前面那百分之九十，就突然冒出來的東西，閃歸一閃，但頂多只是天馬行空的點子，算不上是真正的創意。

而真正的創意，要可行，要產生最大的回收。

並且，是可以控制在自我，要什麼時候出現，就什麼時候出現。

百分之五的差異

有一天，我記得是個很晴朗的早上，出門上班。掏出鑰匙鎖門的時候，聽著門鎖裡機械的轉動聲，到嗒地一響，一個問題浮上心頭。

為什麼這麼多鑰匙，彼此如此相像，甚至有些根本肉眼難辨其分別，但是卻只有某一把才能打開某一個鎖？打得開的那一把，和打不開的其他，差別到底在哪裡？

百分之五的差異。我的結論是。

儘管鑰匙都有許多共同的鋸齒形狀，但是各有不同。不同的差異不大，只是百分之五。但這就決定了為什麼是這把鑰匙可以開鎖，而不是那一把。

愛情與婚姻，很像。

芸芸眾生，天下男女如此之多，為什麼你中意的偏偏是那人？或者，你交往中，或曾經交往的人不只一個，為什麼你最後決定嫁娶的對象，卻是這個人？

一定是這人在某個燈光下的眼神，或是某個時刻的身影，突然讓你溫暖了起來，突然就一心天長地久。你看過許多眼神或身影。能特別打動你的，自是不同。可不同在哪裡？也就是百分之五的差異。

工作也是如此。

說起來，任何工作領域都有許多從業的人。談起一個工作所需要的專業和條件，許多人都可以講出許多心得。但是，我們也都知道，每一個工作上，都有一些人，總是閃動著不同的光和熱，就是與眾不同。是什麼決定這個人和其他人的不同？是有差異，但不大，也就是百分之五。

在大家都會做的百分之九十五的事情上，這少數的人另外發展出百分之五不同於大家的特質、經驗和才能，因此脫穎而出。

所以，在面對一個工作的時候，投入多少時間、努力、學習，固然重要，但更重要的是，你能不能思考、體會什麼才是可以讓你脫穎而出的那百分之五的差異。

不思考、體會那百分之五的差異，你的工作做得再久、再努力，也跳不出大部分人都會的那百分之九十五的範圍。

如果你願意思考、體會那百分之五的差異，那你會發現有很多奇妙的事發生：當你還是一個新手應徵這個工作的時候，會擁有高於別人的錄取機會；當你把這個工作做得熟練之後，會有做出一些讓自己感到愉快，同時實際收益也高於別人的機會；等你再超越其上的時候，會發現連自己的生命也因為這個工作而一路產生百分之五的神奇變化。

是百分之五的差異決定了一切。

附記：我曾把這個感想告訴張妙如，她很有同感，發展出一本書，就叫《愛情與婚姻中百分之五的差異》。

非新手階段

三十多年前，我剛進出版業的時候，書都是活字排版。當時照相打字是新玩意，字體漂亮，一行行的字很整齊，但是很貴，所以只有少量的標題字才用。後來，價格下降，大家才把整本書都用照相打字輸出，等校對好再送去製版。

那時我看美術編輯工作，有些印象很深。照相打字一旦有打錯字，或是編輯與校對的過程想要加減字數的時候，她的「小針美容」工作就來了。重新整頁輸出太浪費，都只是把需要的那幾個字，或某幾行字重新輸出。所以，她要用美工刀在校對的相紙上剔開錯字或想挪動的字，留出空白，再同樣小心翼翼地，在新打來的相紙上剔下自己需要的那幾個字，整整齊齊地貼回校對相紙上的空白處。

整件事情的重點，就看她是否能輕靈地把相紙上的字，以最薄的程度剔（絕不能挖）下，使用最適量的膠水，相互「換臉」，做得完美無缺。不但製出來的版要了無痕跡，最好連照相打字的紙上都天衣無縫。這是當年一個美術編輯的基本功。

美術編輯用針筆畫線也很厲害。在完稿紙上，用針筆畫出的線，不但要筆直，還要從頭到尾一致飽和的墨色。

美術總監，就更厲害了。做雜誌的時候，他會很威嚴地參加過許多會議之後，決定一個開本、版型的天地尺寸，以及各行各欄的參考線條。等他定稿後，會拿到印刷廠去製作出完稿紙。然後，大家才開始據以工作。至於配色，當然就更不必提了。他怎麼閱讀色票、使用色票，更是大學問。

回顧這段歷史，我要說的是：過去，用來界定一個新手和高手之別的，有許多基本功。要練成這些基本功，需要相當長的一段時間。今天，則不然。上述所有曾經要在一個嚴格的前輩手下工作很長一段時間才能累積下來的基本功，今天任何一個連校門都還沒出的年輕人只要會使用Indesign，或photoshop這種軟體工具，就統統解決了。

資訊時代，在大量知識與數位工具的輔助下，各行各業的許多基本功都不需要，新手階段也因而縮短了。上述的美術編輯，只是個例子。因此，從一個方面來說，今天的上班族是充滿機會的。只要勤快些，腦筋動得快些，你就可以快速地跨越過新手階段，直接進行高附加價值的其他創造。

可是，今天的上班族也面臨很高的風險。跨越過新手階段，並不見得就成為高手。這些你不能稱他「新手」、也不能稱他「高手」的人，只好稱為「非新手」。過去，在「新手」與「高手」對比的時代，新手很容易知道自己與高手的差距。今天，在「非新手」與「高手」對比的時代，非新手卻很容易看不清自己與高手的差距。

因為，高手會的百分之九十五，非新手也會。高手會，而非新手不會的，只有百分之五。高手和非新手的差距，只有百分之五。很容易讓人看不清的一個差距，但也是決定了一切勝負的差距。

看不清這一點，我們就會在快速地跨越「新手」階段後，卻落入漫長的「非新手」階段而不自覺。這就是今天的機會和風險。

想像力、知識和飛行

有人問我，對一個創作的人來說，想像力是否最重要的一個資產。

我想起大約是二〇〇〇年的一件事。

一個夏天的晚上，我在紐約街頭。很多已經打烊了的商店，櫥窗兀自光亮地招展著。因而在一個比較陰暗的角落，有面橫幅的廣告，就特別顯眼：Imagination is more important than knowledge.—A. Einstein（想像力比知識重要。——愛因斯坦）

有段時間，我自認為是很善於利用自己想像力的人，很樂於享受天馬行空的人。但就在那個夏天到來的不久之前，我卻剛體會到光是有想像力而沒有一個相對應的知識架構，是多麼的空虛。所以一頭栽入整理知識的工作，覺得人生至樂莫過於此。

人類有史以來的知識是如此之廣大，形成一個綿延不盡的密林。加上當時網路的便利已經嶄露，因此想到如果可以利用這個新時代的工具，為知識的密林開啟一些方便進出、使用的入口，豈不利人利己，不亦快哉。

因而廣告上的那句話才剛映入我的眼簾，就立刻勾起一個疑問。我覺得話應該倒過來說：Knowledge is important than imagination.（知識比想像力重要。）

不過，說這句話的人畢竟是愛因斯坦。他為什麼會這麼說，就成了一個問號掛在我心上，每隔一陣，我就要拿出來端量端量。

我查過他說這句話的上下文。大意是：愛因斯坦說他相信直覺與靈感的力量。他之所以說「想像力比知識重要」，是因為知識是受侷限的，而想像力則可以擁抱整個世界，刺激進步，產生演化（evolution）。所以愛因斯坦說：想像力是科學研究裡的一個真實元素（real factor）。

但我之所以更寧可相信「知識比想像力重要」，也有另一個根據。

牛頓（Isaac Newton）說：「如果說我看的比別人更遠，那是因為我站在巨人的肩膀上。」

而巨人的肩膀，是需要借助知識的梯子才能站得上去的。如果一個人整理不出自己的知識系統與架構，怎麼可能站到巨人的肩膀上？所以，我想，人生苦短，如果非得選擇一個重點不可，那還是寧可堅持「知識比想像力重要」。

在「知識」和「想像力」的比較中思考了很久之後，近兩年，我對這兩者終於又有新的體會：「想像力」，其實就是還在發展與有待驗證的「知識」；「知識」，其實就是已經實踐也結晶化的「想像力」。

「想像力」和「知識」，其實是一體兩面。

所以，與其問「想像力」對創作者來說是否最重要，我覺得不如改問另一個問題：創作者所追求的是什麼？

我自己會這麼回答：創作者在進行的，是一種飛行；創作者在追求的，是飛越前人的高度與邊界。

而一體兩面的「想像力」和「知識」，正是我們飛行所需要的兩翼。飛行，需要並翼而翔。任何一翼的虛弱無力，都使我們難以如自己所希望地飛行。

所以，最後我會這麼說：「只有知識而沒有想像力，飛不遠；只有想像力而沒有知識，飛不高。」

闖進一座日耳曼森林

只有知識而沒有想像力，飛不遠；只有想像力而沒有知識，飛不高。那有沒有什麼方法可以幫一個人又加強他的想像力，又擴大他的知識？

當然有，就是閱讀。

隨著時代的過去，過去總是有太多美好的事物逝去，令人感嘆。回顧童年，我最懷念的是夏天的夜裡，可以仰望星斗，清楚地一個個星座看過去，一顆顆星星仔細瞭望。那種幸福，如今渺不可得。但是和過去的日子相比，今天也有另一些只有屬於現在才有的幸福。譬如：閱讀。

在彈指可得的網路搜尋，以及可以方便取得大量中外語文書籍的雙重便利之下，活在二十一世紀的人，如果說有什麼享受可以比過去更好，那就是閱讀。今天的閱讀，可以幫助我們飛得很遠，又可以很高。既可以鍛鍊想像力之翼，又可以強化知識之翼。

上班族總會說，工作繁忙，難有閱讀的時間。但我認為，正因為如此，才更需要給自己特別保留閱讀的時間。不但要每天固定保持一定的時間，週末更需要有一段不中斷的長時間閱讀。一如平日去健身房，週末要另去爬山或跑山。

有一個星期六下午，我自己就這樣闖進一座日耳曼森林。

那是個陽光明朗的週末。我原來在讀有關中國近代史的書，卻在由中國受德國哲學影響的聯結中，無意中望見公元九年，一個叫阿爾米尼烏斯（Arminius，又稱Hermann）的人的身影。我跟著他從日耳曼被送去羅馬當質押。看他接受教育，從一個所謂的「野蠻人」轉化為羅馬人，受了各種（包括軍事的）教育，甚至得到了瓦魯士（P. Q. Varus）的信任。

瓦魯士是羅馬帝國排名第四的強人，鐵腕管理萊茵河地區，決心一舉清除日耳曼「蠻族」，進一步擴大羅馬帝國的版圖。瓦魯士率了羅馬精銳的三個軍團，在阿爾米尼烏斯獻策下，決定取道條頓堡森林。

我在沙發溫暖的陽光下，逐漸感受到陰雨中森林凜冽的寒意。羅馬三個軍團，綿延了二十公里的行軍路線，一路走進越來越大的雨中，走進濃密的森林，也走進了阿爾米尼烏斯精心布下的陷阱。泥濘的拖絆、森林的障礙，加上傾盆大雨把羅馬士兵的皮革盔甲浸淫加重而難以行動，於是伏兵盡出的日耳曼人把兩萬羅馬大軍全滅。

雨聲、殺伐聲、人馬倒地的淒厲聲，我還聽到自己怦怦的心跳聲。在新店溪旁的一個沙發上。

據說，羅馬皇帝奧古斯都（Augusus）聽說瓦魯士帶的三個軍團全被殲滅之後，曾以頭撞牆而大叫：「還我的軍團！」二〇〇九年有本英文小說講這個故事，書名就叫*Give Me Back My Legions!*。而羅馬帝國其後，一直到崩滅，再也沒能越萊茵河而北。

如果說有什麼事情是不做就枉費生活在二十一世紀，就是閱讀。

有人問我，這到底要怎麼開始。就每天半小時，週末有一次要三個小時吧。每天我們不都要喝一杯咖啡嗎？週末不都要去看一場電影嗎？這點時間拿來學習振動我們的想像力與知識之翼，太划算了。

夢想與閱讀

新進社會的人，如果找不到尋找自己夢想的途徑，有一個最方便又便宜的途徑：閱讀。

因為考試教育的影響，我們很容易把「閱讀」視同於「讀書」視同於「考試」視同於「文憑」。

這大概是今天之所以有一些人聞「閱讀」而色變，又另有一些人又總要不停地談「閱讀」的原因。

要還閱讀本來面目，還是得先還人生本來面目。

人生，最有趣的，是始終可以有夢想。人生，最麻煩的，是始終有侷限。夢想與侷限之間，有著巨大的鴻溝與界限。

閱讀的本來面目，就是來處理這個鴻溝與界限的。

是閱讀，讓我們有機會跨越這個界限。是因為我們想跨越這個界限，而使得閱讀有了不同的面貌及生命。

因此，人生和閱讀的互動，可能像下面這個順序。

正因為我們無意中閱讀了一本書，開啟了我們對一個理想與夢想的接觸、認知，發生了激動的擁抱，從此我們對人生有了徹底不同的想像、期待及規劃。

人生和閱讀的越界，又可能像是下面這個倒過來的順序。

正因為我們對人生有了新的夢想與理想，所以我們為了往那個目標一步一步前行，從此我們對閱讀有了徹底不同的想像、期待及規劃。

總之，閱讀不是單獨成立的。閱讀總應該處理人生夢想與現實之間的界限問題。我說「沒有越界，不成閱讀」，第一個，也最重要的意思，應該就在這裡。

既然如此，我們就會發現，閱讀不應該只是跟書籍有關的一件事情。

英文「Read the Word, Read the World」，「讀書，也要讀這個世界」，是最好的說法。閱讀，本來就有「閱讀書籍」和「閱讀世界」兩種意思。沈從文在他的自傳裡，提到他閱讀「小書」，更閱讀「大書」，「小書」指的就是書籍，「大書」指的則是這個社會。和英文那句話是同樣的意思。

不論就人類整體，還是每個個人而言，都是在懂得如何閱讀書籍之前，先學會閱讀這個世界的。「閱讀書籍」，需要具備的是識字等能力；「閱讀世界」，需要具備歷經友情、戀愛、旅行、挫折、困頓、得意等起伏波折的能力。

如果說人生的夢想是一個大圓，那麼「閱讀書籍」只是構成這個大圓的許多中圓之中的一個。至於學校的教科書或參考書，則只是這個中圓裡面的一個小圓而已。只是後來我們太過於注重「閱讀書籍」，書籍裡，又太過注重學校的教科書和考試用書，結果把今天的局面搞成，從學生時代起，就習以為教科書或參考書是人生最大的一個圓，課外閱讀只是大圓裡的一個小圓，至於人生的夢想云云，只是小圓裡面更小的一個圓。

「沒有越界，不成閱讀」的第二個意思，就是要越出閱讀書籍，尤其是閱讀教科書與參考書的迷思。

在閱讀書籍這件事情上，我是因為一個大我五歲的人而起的頭。

在我還沒上小學之前的童年，由於患了小兒痲痺的限制，沒有同齡的玩伴，更鮮少在外玩耍的回憶。不過，對於外面的世界，我另有一扇祕密的窗戶。

那個窗戶是由一位名叫環生，大我五歲的男孩子開的。他們家和我家有些親戚關係，住得又不遠，所以他總愛在放學後來我家陪我玩耍，成為我人生中第一個朋友。我在《故事》那本書裡寫過他帶給我的種種快樂回憶。

在韓國釜山，環生家做南北雜貨生意，樓上則開了一個華僑賭場。環生跟在大人堆裡混，聽了一肚子故事，看了種種光景，每天來說給我聽，把我唬得一愣一愣。武俠小說，我最早就是從他那裡聽來的。

大約從他進了中學之後，他來我家的次數逐漸減少了。我雖然還是整天盼著他來給我講故事，但是隨著他開始打籃球，進了校隊，另有一個生活世界，我能見到他的機會越來越少。

我只好自己想辦法尋找往外看的窗戶。聽多了環生的武俠故事，《兒童樂園》那樣的書早已不能滿足我的需求，所以在小學二年級的時候，我拗著媽媽去幫我租武俠小說來看。《翻天印》（作者名字不記得了），和《詩情畫意》（作者「白丁」），是我最初接觸的兩部武俠小說。

我就那樣在認識的字很少很少，陌生的字很多很多的小說裡，連滾帶爬地，也飢渴不堪地，開始我的閱讀之路。

不論小學二年級在那些武俠小說的陌生字堆裡連滾帶爬，還是今天碰上陌生的知識領域不忌於生吞活剝地下手，閱讀一直帶給我越界挑戰的刺激。而這種越界挑戰，不只是我一個人面對的課題。不想跨出我們現有的閱讀領域之外，其實是享受不到閱讀可以開啟新的窗戶的樂趣。我們每一個人，不論年紀或專長如何，總要追求一個超越自己目前理解能力之外的閱讀經驗。是這種挑戰的經驗，讓我們的閱讀逐漸成長，人生，也逐漸豐富。

這種越界的挑戰，細分一點的話，裡面有向前一步的越界，也有往旁一步的越界。

向前跨一步，就是在我們原來感興趣的閱讀領域，往原來覺得深奧而不願意碰觸的方向走一步。如果本來就愛讀小說，那麼跨一步，接觸一下文學批評與理論就是了。

往旁跨一步，就是在原來感興趣的閱讀領域，往旁邊先前覺得有點距離的領域跨一步。研究美術的人，往人類學或神話學跨出一步；研究經濟學的人，往法律或政治學跨出一步；研究醫學的人，往生物學或神學跨出一步，都是了。

胡適說：「多讀書，然後可以專讀一書。……你要想讀佛家唯識宗的書嗎？最好多讀點論理學、心理學、比較宗教學、變態心理學。無論讀什麼書總要多配幾副好眼鏡。」正是這個意思。

往前跨一步，進入新層次；往旁跨一步，進入新領域。

羽量級拳手去越界挑戰重量級拳手，是有生命危險的。閱讀的世界裡，沒有這種風險，不嘗試太可惜了。

「沒有越界，不成閱讀」的第三個意思，就是這些越界挑戰。

「沒有越界，不成閱讀」，雖然是閱讀向來的本質，但是在網路發達之後，畢竟有了更新的意義。閱讀不應該只是跟書籍有關的一件事情，也有了新解。

今天，書籍之外，網路世界提供了前所未有的機會，來跨越過去不知道，甚至無從想像的閱讀障礙。文字、圖像、影像、聲音，交替蔓延、相互攀附，固然形成了深邃幽密、令人窒息的叢林，但同時又在無比雜亂的林木花草中提供了無比豐富的探尋線索。以肉身闖進真實的密林，也有生命的危險。但是在閱讀的密林裡，不必付出這種代價，不嘗試極盡一己所能的跨越，也太可惜了。

我一位朋友，自認為不擅長於文字閱讀。他決定在五十多歲之後開始學溜冰，並且要學倒溜的時候，最得力的工具，就是從網路上抓下來的各種溜冰影片。

在網路上的內容如此豐富的時代，如果我們仍然習慣於侷限於書籍的閱讀，尤其是文字書籍的閱讀，那麼，我們就是在一個四周食源之豐富超出我們想像的環境裡，卻硬要劃地自限，只在那個侷限裡尋找食物。所謂「身處豐饒之中，卻逐漸飢餓至死」，就可能是形容這種情況。

在網路時代，我們生活裡的各種消費、娛樂都在網路上發生的時候，不好好掌握閱讀如何從書籍越界到網路，網路又如何越界回書籍，是浪費我們置身這個時代的最大資源。

所以說，「沒有越界，不成閱讀，尤其在網路時代。」

這是有關閱讀和夢想的另一個意思。

7 生活

游泳和上班族的世界

有一年在馬來西亞的一個小島上游泳，差一點成了波臣。

時近黃昏，天色陰暗陰暗的，但是海水很清，可以見底：小魚、珊瑚、水蛇、水草、海星。游著游著，海底一下子變得不透明起來。有種很大的壓迫感。

我想趕快朝岸邊游去。這時，卻有一種最要命的錯覺來了。

我覺得越游，離岸越遠了。而低頭，海底已經一片黑暗。拚命划兩下，從水裡抬頭看，岸上的人在遠處嬉笑。但是，距離怎麼那麼遠。我又拚命划兩下，從水裡抬頭看，更遠了。

我嗆了一口水。覺得人在海水中一直被沖得離岸遠去。這一剎那，我覺得雙手發軟，無力繼續划動。所有游泳的節奏都已亂掉（由於我完全是靠雙臂游泳，所以一旦胳膊無力，就等於完了）。

我想高喊救命。但是也在電光石火中想到：如果喊了救命，也就完了。

接下來，主要有兩個信念支持著我游了下去。

一、我告訴自己：不可能，不可能越游離岸越遠，這一定是錯覺。只要我游下去，一定會離岸越來越近。

二、可以憑藉的，只有放鬆，前游。維持基本動作：划水，抬頭，浮起，換氣，划水。重複這一切動作，保持順暢的呼吸，不要嗆到水。

游著，游著，我終於開始覺得離岸近了，我又看到了清澈的水底。

也終於上了岸。

後來，我覺得游泳真可以具體而微地說明上班族世界的特質。

一、所有不透明的地方，都有隱藏的危險。不要大意。有時候我們不得不闖進去，但是一定要有個防備。後來我聽說到深海去游泳的人，要隨身帶一把小刀，萬一腳被水草或什麼纏住的時候，可以用小刀把草割斷。

二、萬一真正碰到危險，千萬不要慌亂。更不要隨便喊「救命」。如果你喊了「救命」，可能就真的再也回不來了。理由：⑴喊了「救命」之後，就會只顧得等別人來救你，不再會自己想辦法。⑵基本上，在危急關頭你只有一口氣的機會（否則還叫危急嗎？），因此，這一口氣與其用來喊救命，不如用來換氣。⑶唯一可以倚賴的，就是自己，就是自己懂的一些招數。這些招數，千萬不能忘掉，千萬不能亂掉。也許招數很簡單，只是划水、抬頭、浮起、換氣、划水，但也是最基本的。你只有靠這些招數，冷靜地使用，順暢地應用，才能脫困而出。⑷只要努力，不可能越游離岸越遠。那都是騙你的錯覺。只要努力，一定會越游離岸越近。

所以，只要方向掌握得對，千萬不要被周圍的錯覺所愚弄。

相信自己：只要努力，一定會越游離岸越近。

不要感冒

工作者努力追求的，是一種穩定的狀態。精神上，信仰價值的穩定；心理上，情緒的穩定；身體上，保持可長可久的健康的穩定。如此，才可能有工作表現的穩定。

棒球場上，一年能打出兩百支安打厲害，連續十年能每年都有超過兩百支安打，則超越「厲害」所能形容。鈴木一朗最令人感佩的，正是他能長期持續維持這種高水平的工作表現。他能締造這種成績有很多原因，其中有一點，是他長期保護自己不受運動傷害，比賽幾乎從不缺席，並把體能調整、維持到一種最佳的穩定狀態。

這對任何領域的工作者都深有啟發。不論哪個行業的人，要真正做好自己的工作，就得長期把自己的體能狀態維持在一種水平之上。

新進社會的人，可能仗著年輕、體力好，不重視這個問題。但這偏偏是應該及早注意的。越是想讓自己的工作能夠長期發光發亮，越應該注意。

這有什麼方法可言嗎？

我是用去除法。去除兩大不要發生的問題。只要這兩大問題不發生，我就接受。

第一個問題，是三高。血壓高、血糖高、血脂高。這三個指標出問題的嚴重性，不需要我在這裡多說。

第二個問題，是盡可能不要感冒。感冒，看來是個小病，但也是萬病之源。何況，感冒往往需要很長的復原時間。來一次感冒，從開始到痊癒，總不免一個星期到十天。這就表示，一年的五十二分之一到三十分之一的時間，你（就算能工作也是）在一種品質很差的狀態下工作。如果你一年不止感冒一次，其影響如何，可以自己推算。

我這兩年經常長期差旅，深知這種情況下根本負擔不起感冒的成本，所以我把避免感冒當作最重要的任務。也因為如此，我注意到太多人輕忽感冒這件事。而偏偏，今天的社會與環境，處處是感冒的陷阱。

感冒的起因，西方醫學上有種種病毒感染及其相關的解釋。但不論如何，東西方都接受的一個易懂的解釋，還是著涼。著涼，就容易感冒，是人類普遍的共識。所以我的預防感冒之道無他，就是四個字：「避免著涼」。由這四個字所衍生出的一些方法，如下：

第一，進入任何室內，先注意冷氣情況。冷氣是今天各種密閉空間所不可少的，也是造成現代人容易感冒的元凶之一。不要讓自己直接曝露在冷氣吹風孔之下，不要感到冷氣之「涼」，是最基本的動作。

第二，不論室內室外，保護好身體幾個容易著涼的罩門：頭頂、喉嚨、兩肩、兩腰、肚臍，及腳底。最近年輕人愛穿的露臍裝，要避免且不說，尤其應該特別注意兩肩及後腰。總之，不論四季，都養成隨時多帶一件衣服的習慣。情況不妙，馬上就穿上衣服來補強罩門。

第三，保護好腸胃。腸胃道不僅消化食物提供營養和能量，身體百分之七十左右的免疫系統也在這裡。保護腸胃道有兩個重點：一，多服用消化酵素幫助食物消化吸收，提供身體營養；二，多補充腸道有益菌，加強身體免疫能。一般市售優酪乳含糖太多，有益菌太少，應補充含菌量多的益生菌。

第四，預防重於治療。很仔細地體會自己身體的變化，略有不適，馬上設法去寒。我隨身帶薑茶加草本去寒劑，一有感覺就馬上喝。然後儘快找時間多休息和睡眠。很多人總要到感冒都發燒了才休息，那是最無效也最浪費的作法。

第五，注意防範與隔離。不輕易接近感冒的人，以免被傳染；必須接近，則避免接觸；不可避免地接觸到，則立刻清洗。自己一有感冒跡象，也是同理。總之，不讓感冒擴散。

如何改變自己的命運

命運是可以改變的。

為什麼這樣說呢？

一個人的命運，是由他的個性所形成。

一個人的個性，是由他的習慣形成。

一個人的習慣，則是由他對待自己意念的方法所形成。

換句話說，我們怎麼面對、處理自己的意念，會影響到我們自己習慣的形成；我們怎麼面對、處理自己的習慣，會影響到我們自己個性的形成；而我們怎麼面對、處理自己的個性，則會影響到我們命運的形成。

如果同意以上的推論，那麼就可以知道：要改變自己的命運，可以由改變自己的個性下手；要改變自己的個性，可以由改變自己的習慣下手；要改變自己的習慣，可以由改變自己對待意念的方法來下手。

所以，我們改變命運的根本之道，在於我們怎麼面對、處理自己的意念。

越是能清楚地明白意念是怎麼回事，越是能微細地處理自己的意念，就越能改變自己的命運。

這件事情越早相信越好，越早練習越好。

命運最神祕與難測的，就是其無常，其意外，其無從掌握。

事實上，意念之所以最麻煩的，也在於其無常，其意外，其無從掌握。

意念的出現有四種途徑。

第一種，是自己思索、醞釀很久，因而產生的。

第二種，是因為一時接受或視覺或聽覺或嗅覺或味覺或觸覺的訊息刺激，而發生的。

第三種，是一時因為從其他意念聯想而發生的。

第四種，則是以上皆非，總之就莫名也莫明地突然冒出來的，完全不受你控制就冒出來的。

最難纏的就是第四種，不但在於其難以掌控，還在於它往往會依附或假冒其他三種意念，根本就難以覺察。

最難纏的第四種意念，有四種出現的情況：一，它影響或支配你做完了一件事，你都還沒覺察到受它的影響；二，你總在被它影響或支配做完了一件事之後，才覺察到自己不該如此；三，你在做那件事情的過程裡可以覺察到受它的影響或支配，但總是無力擺脫或停止；四，它才剛一起身想要來影響或支配你，你就馬上警覺，跟它揮手道別。

我們說一個人可以透過管理自己的念頭來改變自己的命運，主要就是減少這四種不受控制的情況的發生。意念不受控制的情況越少，自己行事習慣、個性跟著不受控制的機會就少一些，自己命運會出現不可控的劇變也跟著小一些。於是，我們的命運也就跟著比較可能在自己的意願之下調整了。

而這一切的一切，都先要從我們認識、面對自己的意念開始。

我年輕的時候，有一次難忘經驗。

當我在韓國讀中學的時候，有一位同學的妹妹很美麗，又彈得好吉他，很會歌唱。我和她不熟，沒講過幾句話，但是印象很深刻。

我出了社會工作幾年後，得知她也來了台灣，並且在影視界發展，也小有名氣。那時，我也當了一本雜誌的主編。

所以，有一天她是看到那本雜誌的版權頁上有我的名字，就循線打了電話給我。

我才一接電話，她就在那一頭興奮地叫我，並且報上自己的名字，說「你記得我吧！」可以感受到那是因為多年後在異地相逢，所以毫不保留地就想彼此相認的熱情。

可是，到今天，我都可以清楚地記得自己是站在一張辦公桌前的某個位置，用右手怎麼拿著電話，然後用很冷靜的口氣回了她一句：「對不起，我實在想不起來。」

電話另一頭一下子就冷了下來。她只簡短地說了一句：「啊，是嗎，那不好意思。」然後就掛斷了。

為什麼呢？

為什麼我會那麼做呢？

又不是有人要來向你借錢。

很長的時間裡，我怎麼想都百思不得其解。對那位女孩子也有了終生的遺憾與愧疚。

一直到我接觸禪宗，讀《金剛經》，對意念這件事情有了比較多一些的認識之後，才體認到我在接那通電話的時候，是受了前面所說的那第四種念頭的影響：根本是莫名也莫明地就冒出來，根本就像是另有一個遙控器在調動你的嘴巴講出了那些傷人的話。

如果你願意注意，如果你願意練習，你可以開始體會自己的意念。

辦公室裡是不是有個人你一看到他／她就討厭？

是不是有個人你和他吵了一架之後，第二天你決心看到他就道個歉，但結果卻就是說不出口？

是不是你決心和某個人改善一下關係，準備看到他就先微笑一下，但結果卻反而擺出一副臭臉，甚至出口就惡言相向？

是不是你有什麼心事，決心扔在腦後，但卻總是被它糾纏，成為揮之不去的夢魘？

你怎麼處理這些事情，都會影響到你的命運。
你怎麼管理自己的意念，會影響到你處理這些事情的方法，會改變你的命運。

懺悔

不論你多麼用心、努力地學習，不論你汲取了多少知識、累積了多少經驗，不論你多麼熟練於一個工作，你總會犯錯。

犯錯是人的常態。一如呼吸是人的常態。人，沒有不犯錯的；工作中，沒有人不犯錯的。

所以犯錯不是重點。犯了錯之後，如何面對、處理自己的錯誤，才是重點。

最不上道，最沒有作用，同時也會傷害最大的，是選擇逃避。

似乎以為只要自己不提、不談，世界上其他人也就不會知道，或者知道也會無所謂，然後隨著時間過去就船過水無痕。

相對而言，另有一種極端。

就是不但承認錯誤，然後痛不欲生，不知如何自處。惶惶然終日坐立難安，失魂落魄。甚至，激動之下還會做一些傷害自己、又傷害別人的事情。

面對、處理自己的錯誤，我覺得最好的方法就是懺悔。

懺悔很容易令人聯想到一副痛哭流涕、賭咒罰誓的堅決情景。

但，真正的懺悔不是。

懺悔是兩個字組成的。

「懺」，就是切實地明白自己犯了什麼錯誤，錯在哪裡。

「悔」，就是決心再不會犯同樣的錯誤。

真正的「懺悔」，就是如此簡單。

但也因為如此簡單，所以不容易。

有一個著名的故事。

那個一再決心不再賭博的賭徒的故事。

他每次輸光了回到家，無顏面對妻女，就痛下決心要戒賭。每次為了證明自己的決心，都要在神明之前砍一隻手指頭。

結果，他十隻手指頭都砍光了，賭還是沒有戒成。

不要覺得這個故事說得誇張。一點都不。

真實的人生，只會比這個更誇張。

所以，「懺」、「悔」說來容易，做來真不容易。

真正的「懺」、「悔」，其實也就是孔子說的「不二過」的意思。

因此，「懺」、「悔」雖然相提並論，但應該是「懺」要比「悔」更重要一些。

犯錯是不可避免的。

一定要先知道自己到底錯在哪裡。

知道自己錯在哪裡，不要再犯同樣的錯誤就是。

不知道這一點，就無從決心不再犯同樣的錯誤。
所以，真正的「懺悔」，是甚至可以微笑著進行的。

8 附錄

第一個把工作概念帶進我生命的人

第一個把工作概念帶進我生命的，是我父親。

我父親是山東人。一九二〇年代，他十來歲的時候，就出外謀生，四九年之後，定居韓國。

和大部分韓國華僑不同的是，他沒有做餐廳生意。早年他在上海商行裡當學徒，所以在韓國做的也是貿易，韓戰之後尤其做得意氣風發。

我在家裡最早看到的照片，都是他來往香港、日本等地，風流倜儻地在飛機和吉普車上留的影。我最早接觸的玩具之一，就是他收集的各式各類派克名筆。

也因此，多年後我走在路上，還是可以聽到街坊鄰居的韓國人指指點點地叫我「那個富翁的兒子」。

他們會指指點點，是因為感嘆那個富翁在他這個患了小兒痲痹的兒子身上花了多少金錢。「你知道嗎？你爸爸就算用黃金來打造你，也高過你的個子啦。」這種話，我一路聽大。

他們更感嘆，這個富翁後來就那樣一下子垮掉了。

一九五七至五八年間，我兩三歲的時候，一位遠房親戚為我遍尋名醫而顯了不少本事，我父親因而賞識他，並經由他的引介認識了一些人，決定在釜山市中心最繁華的地段，投資興建一家觀光飯店。（釜山是韓國第二大城，相當於台灣的高雄市。）飯店建到七樓還是八樓的時候，我父親發現自己中了圈套。這是個什麼樣的圈套，他從沒有說過。道聽塗說，就是投資出去的錢被席捲，幾個該負責的人都失蹤，飯店建不下去，他只能變賣所有的財產來善後。

所以，我幼年另一個清晰的記憶，就是在一個陰雨天的下午，從一個四十五度的仰角，看他端著家裡的電話出去。

那一年，他應該是五十歲。

從此，我的父親不再是富翁，也不再是僑領。唯一慶幸的是，保住了自己住的房子。

他寫得一手毛筆字，打得一手好算盤，所以，有段時間，在外地做一些帳房之類駕輕就熟的工作。

因為他經常在外地奔波，所以小時候還有個記憶，就是媽媽帶我到一個可以望得見鐵路的高坡上，看那遠處來去的火車。

媽媽去世後，他回釜山落腳。

在釜山華僑協會裡做一個類似收費員的工作，專門在釜山地區收取華僑商號每個月要繳給協會的會費。

會費的金額很小，每個月大致五十元台幣。他就這樣每天搭著公車兜來兜去，挨家挨戶地去收那零頭小錢。

而晚上，不時會看到他聚精會神地計算白天的帳目。最後，會聽到他劈里啪啦地把算盤打個一通，然後說一聲：「嘿，一毛不差！」

就這樣，在我成長的歲月裡，他靠著每個月還不夠他以前一頓應酬的薪水，加上一點分租的房租收入，大致維持了一個略帶拮据的小康家庭。

這段時間，還有一個深刻的記憶就是：儘管這樣一份工作，他卻每天都講究西裝筆挺，襯衫雪白，領帶亮麗。不論晴雨與冬夏。

高中時期，我對他逐漸有了不滿。

有一天，我聽一位同學說他父親如何在垮掉之後再重新致富的故事。這個故事勾起我一個疑惑：為什麼我的父親在五十歲的年紀摔一跤之後，卻就此一蹶不振？五十歲還是壯年嘛。

這個疑惑生根之後，再看他每天為那區區一點點會費東奔西波，晚上還要錙銖必較地打那個算盤，我就開始覺得有點無聊，進而懷疑他當初是以什麼氣魄去做的貿易。

為什麼這個人再也拿不出本事重振雄風？為什麼這個人僅僅為了把一筆筆零頭小錢算

得清楚，就心滿意足？為了有人來求他寫一幅字，就滿面春風？

我也受不了他的一些叮嚀。

他操心將來我在社會上怎麼有個立錐之地，不時提醒我要怎麼謹慎為人，小心從事等等。

這些話聽煩了之後，我有點氣憤這個父親對自己的兒子如此沒有信心，也更鄙視他那只因自己的一時失足，就要把世事看得如此灰暗的心理。

我們因而大吵過兩次，冷戰過很長一段時間。

然後，我就來台灣了。

和父親真正有交融，是多年以後的事。

我慶幸自己在種種無知、不孝的作為後，在他晚年又回到了他的身邊。其實，他一直都在等待我，是我自己不肯回去而已。

我們雖然還是分隔兩地，見面時候他的話也越來越少，但是彼此的心意溝通已經無礙。不過，有幾次要他談談當年中的圈套，讓我長點見識，省點經驗，他卻總是微微一笑，什麼也不多說。

他身體一直維持得不差。過世的那一天，則是讀過我給他的一封家書之後，在午睡中長眠的。

享年七十九。

真正開始了解他，又是他去世以後多年的事。

那一年我也四十歲了。自己也遭到了工作生涯上一個重大挫折。

起初，我也很沮喪。

有一天，我在家裡的祖先牌位前上了炷香。坐在那裡，突然想起了我父親。想起我曾經為他五十歲遭到一個打擊而沒能東山再起，就鄙視了他那麼長的時間。

我感覺到他好像笑呵呵地就站在我面前，拍拍我的肩膀，說：「嘿，小子，沒關係，來，給我看看你四十歲碰到一個打擊怎麼應對吧。」

這個世界上會有「慚愧」這兩個字，就是為了形容我當時的心情吧。

近年來，工作的心境和方法開始有了質變，對他也有了一層層更深的體會。

我體會到他為什麼從不肯再談當年是怎麼中的圈套，怎麼垮的。

我體會到他為什麼有本領白手起家，掙來巨富之後，最後屈身為每家五十元台幣的會費而奔波營生，甘之如飴。

我體會到他為什麼從事這樣一份工作，卻每天都講究西裝筆挺，皮鞋雪亮，多年如一日。

一個工作者，不為自己的過失找任何藉口，與解釋。

一個工作者，為最低下的工作也付出自己最高的心力。

一個工作者，不論進退，永遠華麗地昂首前行。

成敗，只是機遇。

現在，我對他最終的思念，還是一個兒子對他父親的思念。

有一天，我搭計程車，遇上一位女兒也患了小兒麻痺的司機。他女兒在一九六四年患病，比我晚幾年。

「開始我以為是感冒，就買了退燒藥。後來看她站不起來，敲膝蓋也沒有反應，我想：『完了，是小兒痲痺。』」他說。

我很了解他的心情，可以幫他把話接下去：「她這一輩子以後怎麼辦啊。」可是，他講的下一句話卻是：「我想，這下子我們的經濟狀況要很慘了。」

當時看一場電影只要一塊六毛，他在機械工廠裡工作，一天拿二十多元。他們老闆在三重買一棟三層的樓房，總共也不過四萬元。結果他花了八千元治他女兒，拖了好幾年的債……

他一路說著。

但是從他講「我想，這下子我們的經濟狀況要很慘了」開始，我腦中想的一直都是我父親。

我父親在我病發的時候，想的一定不是他要花多少錢吧。

當然他很有錢，不在乎這些。但也就因為他太有錢，最後間接因為我的緣故，而把全部家當都賠了進去。

我第一次清楚地體會到：在我扭曲變形的脊椎裡，每一個關節，每一節脊椎，都有他的投資，他的牽念，他的愛。

我真是他黃金打造的兒子。
在車上，我沒有哭出聲來。
我的父親郝英有，字傑民。

工作DNA

工作DNA

工作DNA

工作DNA